海岸带、河口和航道管理联合研究中心第 69 号技术报告

河口综合评估框架

Andrew Moss, Melanie Cox
David Scheltinga, David Rissik 著

雷坤 安立会 陈浩 乔飞 赵健 柳青 译

海洋出版社

2016 年·北京

图书在版编目(CIP)数据

河口综合评估框架／(澳)安德鲁·莫斯(Andrew Moss)著；雷坤等译. —北京：海洋出版社，2016.12
书名原文：Integrated estuary assessment framework
ISBN 978-7-5027-9652-5

Ⅰ.①河… Ⅱ.①安… ②雷… Ⅲ.①河口-生态系统-研究 Ⅳ.①P343.5

中国版本图书馆 CIP 数据核字(2016)第 317368 号

责任编辑：方　菁
责任印制：赵麟苏

海洋出版社　出版发行

http://www.oceanpress.com.cn
北京市海淀区大慧寺路8号　邮编：100081
北京朝阳印刷厂有限责任公司印刷　新华书店北京发行所经销
2016年12月第1版　2016年12月第1次印刷
开本：787mm×1092mm　1/16　印张：5.75
字数：100字　定价：38.00元
发行部：62132549　邮购部：68038093　总编室：62114335

海洋版图书印、装错误可随时退换

河口综合评估框架
版权© 2006：
海岸带、河口和航道管理联合研究中心
作者：
Andrew Moss
Melanie Cox
David Scheltinga
David Rissik

海岸带、河口和航道管理联合研究中心（海岸带CRC）出版
英多罗皮勒科学中心
梅尔斯路80号
英多罗皮勒大道邮编4068
澳大利亚
www. coastal. crc. org. au

经过适当的许可后，这个出版的文字可以被复制和散发用于研究和教育目的。

说明：这个报告中的信息在此报告出版的时候是当前最新的。尽管这个报告的作者认真地准备了这个报告，海岸带CRC和他的合作伙伴机构对由本内容产生的任何事宜不负有责任。

澳大利亚国家图书馆出版登记目录
河口综合评估框架
QNRM06145
ISBN 1 921017 26 0（印刷）
ISBN 1 921017 27 9（在线）

Attribution 3.0 Australia (CC BY 3.0 AU)

This is a human-readable summary of the Legal Code (the full licence).
Disclaimer

You are free:
- to copy, distribute, display, and perform the work
- to make derivative works
- to make commercial use of the work

Under the following conditions:
- Attribution — You must give the original author credit.

With the understanding that:
- Waiver — Any of the above conditions can be waived if you get permission from the copyright holder.
- Public Domain — Where the work or any of its elements is in the public domain under applicable law, that status is in no way affected by the licence.
- Other Rights — In no way are any of the following rights affected by the licence:
  ○ Your fair dealing or fair use rights, or other applicable copyright exceptions and limitations;
  ○ The author"s moral rights;
  ○ Rights other persons may have either in the work itself or in how the work is used, such as publicity or privacy rights.
- Notice — For any reuse or distribution, you must make clear to others the licence terms of this work.

Use this license for your own work.
This page is available in the following languages:
Castellano Castellano (España) CatalàDeutsch English Esperantofrançaishrvatski Indonesia Italiano Magyar Nederlands Norskpolski Português Português (BR) Suomeksisvenskaíslenska Ελληνικάрусскийукраїнська 中文華語 (台灣) 한국어

编译前言

河口(estuaries)是海陆交汇处,由来自河流的淡水与高盐度海水混合进而形成的一个由淡水向海水过渡的区域,并时刻受到海洋潮汐、河流淡水注入和陆地的共同作用,具有独特的结构和功能。在河口区,淡水注入的同时携带了大量的营养物,淡水和海水的交互作用使得营养物得到充分混合,在光合作用下被微生物、浮游植物等初级生产者吸收利用,生产的有机质为栖息于此的各种水生生物如浮游动物、鱼类、贝类以及水鸟等提供了丰富的食物来源;同时,河口区自然形成的咸水沼泽、湿地、滨岸带、滩涂(沙滩和泥滩)、盐池以及珊瑚礁等各种生境类型,也为鱼类、贝类、水鸟等生物提供了天然栖息场所,从而形成了一个高度发达、复杂多样的自然生态系统。河口具有多种生态服务功能,如物质生产和能量传递、环境(大气和水)净化和改善、调节水循环和维护生物多样性,同时还可以增加陆地面积、增强经济交流、孕育区域文化等。这些功能不仅与生态系统自身的结构有关,还与区域的经济发展水平密切相关,是一个相互影响、相互作用、共同促进的过程。

近年来,随着沿海区域经济的快速发展,河口区的生态系统遭受到了人为的严重影响甚至破坏,其生态系统动力学和区域的环境地球化学过程发生了复杂的变化,进而对河口的生态系统结构产生了潜在影响,甚至破坏了其生态服务功能。因此,开展河口区生态系统的健康评估、探索河口区受损生态系统的恢复过程、满足河口区生态服务功能的社会需求、实现河口区生态系统的可持续发展,是海洋及河口生态学和海洋环境管理研究的热点之一,也是当前亟待解决的科学问题。

为此,译者在征得原著作者Andrew Moss博士同意后,组织编译了这份研究报告,以期为我国河口区生态系统健康评估和管理提供技术支撑。

再次对 Andrew Moss 博士给予本工作的支持表示感谢。

目 次
Contents

1 绪论 …………………………………………………………………… (1)
2 河口综合管理框架 …………………………………………………… (2)
  2.1 目标 ……………………………………………………………… (2)
  2.2 现存指标体系的回顾 …………………………………………… (4)
3 建设性框架 …………………………………………………………… (7)
  3.1 压力和压力源 …………………………………………………… (9)
  3.2 脆弱性 …………………………………………………………… (12)
  3.3 风险 ……………………………………………………………… (13)
  3.4 状态 ……………………………………………………………… (15)
  3.5 风险和状态的对比 ……………………………………………… (18)
  3.6 价值 ……………………………………………………………… (19)
    3.6.1 价值重要性的量化 ………………………………………… (21)
    3.6.2 关联状态和价值 …………………………………………… (22)
4 报告和管理的优先权限 ……………………………………………… (23)
5 指标选择 ……………………………………………………………… (24)
6 评估框架的应用 ……………………………………………………… (27)
  6.1 选择压力源 ……………………………………………………… (27)
  6.2 定量描述压力源 ………………………………………………… (28)
  6.3 状态评估 ………………………………………………………… (29)
  6.4 风险和状态对比 ………………………………………………… (29)
  6.5 河口状态风险评价范例 ………………………………………… (30)
  6.6 决定管理的优先次序 …………………………………………… (31)
7 未来发展 ……………………………………………………………… (32)
参考文献 ………………………………………………………………… (34)
附录：IEAF 评价框架中涉及的压力源及相关压力、影响和状态指标 …… (37)
  A.1 有机质污染 ……………………………………………………… (38)

A.1.1　背景信息 ……………………………………………………… (38)
　　A.1.2　压力指标和赋值 …………………………………………… (39)
　　A.1.3　影响指标和赋值 …………………………………………… (40)
　　A.1.4　状态指标和赋值 …………………………………………… (41)
A.2　泥沙污染 ………………………………………………………………… (42)
　　A.2.1　背景信息 ……………………………………………………… (42)
　　A.2.2　压力指标和赋值 …………………………………………… (43)
　　A.2.3　影响指标和赋值 …………………………………………… (45)
　　A.2.4　状态指标和赋值 …………………………………………… (46)
A.3　酸性径流污染 …………………………………………………………… (48)
　　A.3.1　背景信息 ……………………………………………………… (48)
　　A.3.2　压力指标和赋值 …………………………………………… (48)
　　A.3.3　影响指标和评分值 ………………………………………… (49)
　　A.3.4　状态指标和赋值 …………………………………………… (49)
A.4　营养盐污染 ……………………………………………………………… (50)
　　A.4.1　背景信息 ……………………………………………………… (50)
　　A.4.2　压力指标和赋值 …………………………………………… (50)
　　A.4.3　影响指标和赋值 …………………………………………… (52)
　　A.4.4　状态指标和赋值 …………………………………………… (53)
A.5　重金属污染 ……………………………………………………………… (54)
　　A.5.1　背景信息 ……………………………………………………… (54)
　　A.5.2　压力指标和赋值 …………………………………………… (55)
　　A.5.3　影响 …………………………………………………………… (56)
　　A.5.4　状态指标和赋值 …………………………………………… (56)
A.6　农药类污染 ……………………………………………………………… (58)
　　A.6.1　背景信息 ……………………………………………………… (58)
　　A.6.2　压力指标和赋值 …………………………………………… (59)
　　A.6.3　影响 …………………………………………………………… (60)
　　A.6.4　状态指标和赋值 …………………………………………… (60)
A.7　油污染 …………………………………………………………………… (62)
　　A.7.1　背景信息 ……………………………………………………… (62)
　　A.7.2　压力指标和评分值 ………………………………………… (62)

目　次

  A.7.3　影响 ………………………………………………………………………………………（63）
  A.7.4　状态指标和赋值 …………………………………………………………………………（63）
A.8　病原微生物污染 ……………………………………………………………………………………（63）
  A.8.1　背景信息 …………………………………………………………………………………（63）
  A.8.2　压力指标和赋值 …………………………………………………………………………（63）
  A.8.3　状态指标和赋值 …………………………………………………………………………（65）
A.9　海洋垃圾污染 ………………………………………………………………………………………（65）
  A.9.1　背景信息 …………………………………………………………………………………（65）
  A.9.2　压力指标和赋值 …………………………………………………………………………（66）
  A.9.3　影响 ………………………………………………………………………………………（67）
  A.9.4　状态指标和赋值 …………………………………………………………………………（68）
A.10　栖息地消失或受干扰 ……………………………………………………………………………（69）
  A.10.1　背景信息 ………………………………………………………………………………（69）
  A.10.2　压力指标、状态指标和赋值 …………………………………………………………（70）
A.11　生物消失（灭绝） …………………………………………………………………………………（71）
  A.11.1　背景信息 ………………………………………………………………………………（71）
  A.11.2　压力指标 ………………………………………………………………………………（71）
  A.11.3　影响 ……………………………………………………………………………………（72）
  A.11.4　状态指标和赋值 ………………………………………………………………………（72）
A.12　淡水注入变化 ……………………………………………………………………………………（73）
  A.12.1　背景信息 ………………………………………………………………………………（73）
  A.12.2　压力指标和赋值 ………………………………………………………………………（73）
  A.12.3　影响 ……………………………………………………………………………………（74）
  A.12.4　状态指标 ………………………………………………………………………………（74）
A.13　河口水动力条件改变 ……………………………………………………………………………（75）
  A.13.1　背景信息 ………………………………………………………………………………（75）
  A.13.2　压力指标和赋值 ………………………………………………………………………（76）
  A.13.3　影响 ……………………………………………………………………………………（77）
  A.13.4　状态指标 ………………………………………………………………………………（77）
A.14　有害物种 …………………………………………………………………………………………（78）
  A.14.1　背景信息 ………………………………………………………………………………（78）
  A.14.2　压力指标和赋值 ………………………………………………………………………（78）

A.14.3 影响 …………………………………………………………………（79）
A.14.4 状态指标 ………………………………………………………（79）
A.15 海岸带开发 …………………………………………………………（80）
A.15.1 背景信息 ………………………………………………………（80）
A.15.2 压力指标和赋值 ………………………………………………（80）

1 绪 论

报告目的

2002年,海岸带、河口和航道管理联合研究中心(简称CRC)提出了包括自然资源管理和合作研究领域的一系列研究方向。其中,"评估河口环境和价值:设定管理优先权"这个方向旨在建立一套可用于评价河口和海岸带系统的生物物理健康状态的技术框架,同时还可以用于反映社会经济的发展状况。该研究的一个重要部分是筛选和识别用于指示生态系统和社会、经济系统中的合适指标。本报告描述了此项研究相关的一些进展。由于种种原因,研究中涉及社会和经济方面的工作非常有限,所以使用此技术框架主要集中在选择合适的生物和物理指标。另外,本报告重点阐述了评估技术框架如何纳入社会指标,以及如何将生物物理指标同社会指标进行关联。

2 河口综合管理框架

2.1 目标

这个工作的主要目标是发展可用于河口和海岸带综合评估的技术框架,进而用于制订指标权重和管理措施的实施。其中,本技术框架将重点用于评估和报告河口生态系统的现状以及潜在的风险,最后将这些信息同系统的价值信息结合起来,最终确定河口管理优先次序。这些目标以及技术框架的实施纲要如图1所示。

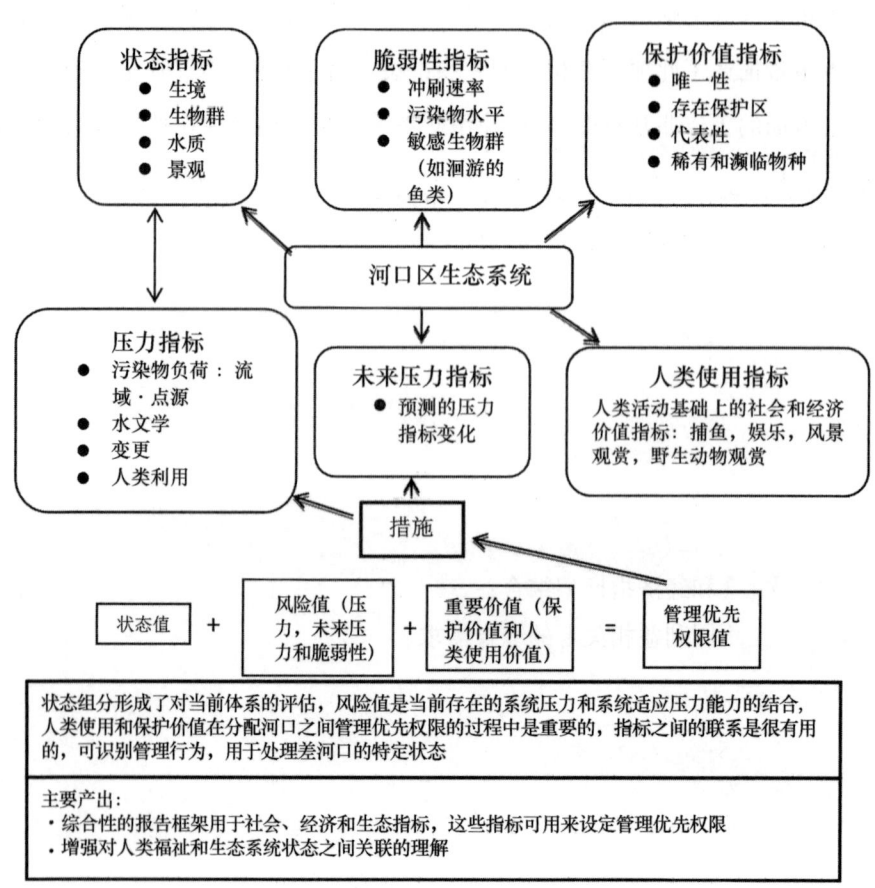

图1 河口综合管理框架研究目标概述

2　河口综合管理框架

这个评估框架一个重要的方面就是筛选指标和设定限值。然而,这些指标的确定并不是孤立的,而是需要有相关的社会背景和管理目标为基础。不可否认,框架中的一些指标在有些条件下可能并不是完全合理的,为此我们给出了可选用的不同指标,使得框架中可用的指标相对比较广泛。另一方面,这里提出建立的河口综合管理框架(IEAF),在考虑社会经济的基础上为河口管理提供了非常明确的管理目标。此框架用于制订指标的具体细节在第5节中给出,应用方面相关的信息表在附录中给出。

在理想条件下,评价框架包含以下特征:

- 包含一个方法。这个方法依据本地情况(环境压力)和本地的系统以及生境类型,指导选择适用于本地环境相关的指标。
- 基于"压力-状态-影响-响应(P-S-I-R)"模型。其中,压力是指自然和人类对河口生态系统的影响,状态是生态系统目前所处的现状,影响是指在此压力和现状条件下对河口环境所产生的效应(包含对生态系统和人类的影响),而响应则描述应对存在问题的管理措施。总之,这些指标之间清晰的关联,将有助于就一个特定的问题提出具有针对性的管理措施。

在P-S-I-R模型各阶段的指标之间必须有着清晰的关联关系,如压力指标的变化就会导致状态指标随之变化等。并且在任何可能的情况下,这些关联关系应是可以量化的。

评估河口状况和价值:管理的优先次序

目标:提出一个可用于确定河口管理优先次序的方法

- 评估河口当前的状态;
- 识别河口退化的原因并提出可行的管理方式;
- 评估河口面对未来压力的脆弱性;
- 识别河口对生物类群的重要性;
- 同社会和经济指标相结合;
- 满足不同利益相关者的综合需求。

研究的问题:

- 提出最能同当地、区域和国家层面管理需求和公众最为相关的河口环境评估指标;
- 这些指标如何同社会经济条件相结合,并能够对整个河口生态系统提供一个综合评估结果?

- 明确 P-S-I-R 模型每一个阶段各指标之间的关联性,如压力指标的变化如何导致状态指标的变化等。同时这些关联应当尽可能量化;
- 基于河口区的压力和现状特征(如水动力学特征、潮汐范围、生境特征以及生物群落组成)对河口区的潜在风险进行评估,其结果对于提出管理优先次序将是非常重要的补充;
- 这个框架的结果输出应当包括环境评估(这个可被分解成独立的系统组成)、压力评估(包括面对未来压力的风险或脆弱性)、建议的管理措施以及管理的优先次序(基于影响、价值、现状以及脆弱性)。

需要指出的是,尽管评估框架并不满足上面所有的特征,但这些指标将贯穿整个指南框架制订的过程。

2.2 现存指标体系的回顾

河流状况体系指标(Ladson et al. 1999)是本指南最初考虑的几个模型之一。原本这个体系是专为维多利亚州淡水河流管理制订,并在管理中已得到实际应用。这个指标的制订,主要考虑到为评价河流状况的每个模块均提供一个特定评估,即水质、生境(河边和河内)、流速和生物类群。对每个模块,根据专家打分制订一系列详细的指标赋值体系(界于 1 分和 5 分之间)。在此基础上,这些模块被逐一打分赋值,进而对每个指标进行定级。并且,对每个指标的相对分数给予一定程度的优先权限。即:如果流速是评估体系中受影响程度最大的模块,那么这就要给流速以管理优先权。也需考虑改变这个指标体系以适应于河口区的环境管理,但是压力和状态之间缺乏特定的关联被认为是一个不容忽视的缺陷。

另外,还有一些为特定河口而制订的状态指标,如针对南非河口管理制订的状态指标就是最早的一个案例(Cooper et al.,1994),它同时考虑了 3 个模块(水质、生物群和美学),并且每个模块包含了一系列指标。同样,在美国的河口管理中也对一系列不同的模块设定了不同的状态指标(Kiddon et al. 2003;Paul et al. 1998)。上面提出的单个指标都可以适应于不同的系统,并可以重新组合以满足不同的模块需求。然而,南非和美国的评估系统都更多关注于状态,而对系统承受压力方面的考虑有所欠缺。与上面建立的指标体系类似,南非和美国河口评估指标的选择是基于专家的意见,而不是通过客观的评估框架。

2000 年,Ferreira 提出了一个更加复杂的评估体系。它包含了 3 个环境要素、即水质、底栖环境质量和营养动力学,并同时需要对河口的脆弱性进行测定(即系统缓冲能力)。这是一个非常重要的补充,因为这就可以使得河口区环境在它自然特性的基础上、特别是它的冲刷速度进行归一化。为此,这个脆弱性的概念被纳入到IEAF项目制订的框架体系中。然而,尽管Ferreira建立的评估体系具有一些明显改进的特征,但它基本上依然是个环境评估体系,对河口压力考虑较少。而Ferreira也非常清楚地表示他所提出的评估体系并不是为实现一个特定的具体管理而设定的。建立一个特定的具体管理系统,需要一个完全不一样的方法,也更需要关注特定问题和可能的解决途径(Ferreira 2000)。为此,Ferreira建立的评估体系对某一特定河口管理的价值是非常有限的。对IEAF项目而言,最终的目标是提出并发展一个可用于特定的河口状况进行评估的技术体系,最终用于指导当地制定合理的管理措施。

另外,Deeley和Paling(1999)曾经详细讨论了澳大利亚河口健康评估的一系列指标。但是,他们同样也没有把这些指标纳入到真正的评估体系之中。

澳大利亚国家土地和水资源审定委员会(NLWRA 2002)实施的澳大利亚河口评估,为在国家或州层面上的流域和水域管理提供了具有重要价值的信息来源。然而,由于它是为国家层面上的评估而制订的,在小的流域尺度上的实用性就打了折扣。因为纳入审定过程的指标,更多局限于大多数河口可获取的指标,而这些指标很可能不是那些特定水体或管理者最相关或最关心的指标。另外,由于缺乏一些河口的必要指标,这个评估体系在此方面也有所欠缺。需要指出的是,尽管这个评估体系中的确包含了压力和状态指标,但没有人尝试把这二者进行关联。如果试图对状态指标变化的解释用于改进管理措施,那么对于压力和状态指标之间是否具有明确的关系就要进行了解。这个报告表明,在建立评估审定过程的基础上进一步建立"河口环境指数",以及对这个指数的变化进行长期监测,将会为河口的环境管理提供一个非常有效的管理工具(NLWRA 2002)。

1992年,澳大利亚政府通过了生态可持续发展战略国家环境状况报告(SoE)。这个报告包括:提供准确、及时和可获取的关于澳大利亚环境状况以及前景预测的信息;制订一套被认可的国家环境指标体系;提供问题预警;报告环境政策的有效性;对实现生态可持续发展目标而获得的进展情况进行评估;将环境信息与社会经济信息综合考虑;识别知识断层;通过信息来改进决策制订(Ward et al. 1998)。

上述的国家环境状况报告框架是建立在P-S-I-R模型的基础上,并且报告是基于8个指标：受保护和被引用的物种、生境程度、生境质量、可再生的产品、不可再生的产品、水/沉积物质量、综合管理、生态系统层面的过程。在每个指标中，对指标与压力、状态或者响应进行了有效关联。尽管有若干信息表明各个指标之间相互关联的信息，但还没有哪个文件明确指出如何把单个指标中的变化同其他指标关联起来，这限制了为实施管理提供有效信息。

同样，国家环境状况报告体系也认识到对澳大利亚河口和海洋环境相关知识非常欠缺，特别在结构和功能方面的不足。而上述知识的欠缺意味着把指标匹配给相应问题的决策是有风险的，于是提出报告项目实施过程中需采纳风险管理过程来确保指标与可持续发展相关。在这个基础上，越来越多的人也开始意识到，需要使用可靠的预测模型作为监测项目设计的基础。

IEAF研究即建立在压力-状态-响应（PSR）模型的基础上，并将这个模型用于国家环境状况报告中。可喜的是，IEAF研究更加注重于压力指标的量化和当前状态之间的内在关联。

Bidone和Lacerda（2004）提出了一个驱动力-压力-状态-影响-响应（DPSIR）框架，继而用于评估巴西某一海湾的可持续发展性。这其实是个PSR模型更加具体化的版本。DPSIR框架包括衡量社会经济和物理推动力，流域的理化压力，海岸带的理化和生物状态，社会经济影响以及如何去管理。不可否认，这是一个把生物物理指标和社会经济指标纳入一个评估体系的完美范例，并提供了如何将信息与指标相互关联起来，并最终导出合适的管理方法。但是，当前还没有人尝试去制订能够用于描述整个系统状态的各项指标。这个框架的组成，压力分解成驱动力和物质流动的分解模式，以及它们同社会影响的关联，均应在这个IEAF项目的框架中。

以上回顾了当前用于河口环境生态系统状态和风险的一些评估方法。但是，这些方法没有一个能完全满足2.1节中提出的目的和要求。不可否认，这些方法中包含着非常有价值的思路和方法。结合他们的经验和河口评估的特殊需求，以下章节给出一个建设性的评估框架。

3 建设性框架

澳大利亚水质管理部门认可的框架是国家水质管理战略(ANZECC 2000；见 www.deh.gov.au/water/quality/nwqms/index.html)。因此,任何其他与水质相关的框架必须服从于国家水质管理战略。图2则很好地展示了摘自"ANZECC 2000规范"的国家水质管理战略示意图。

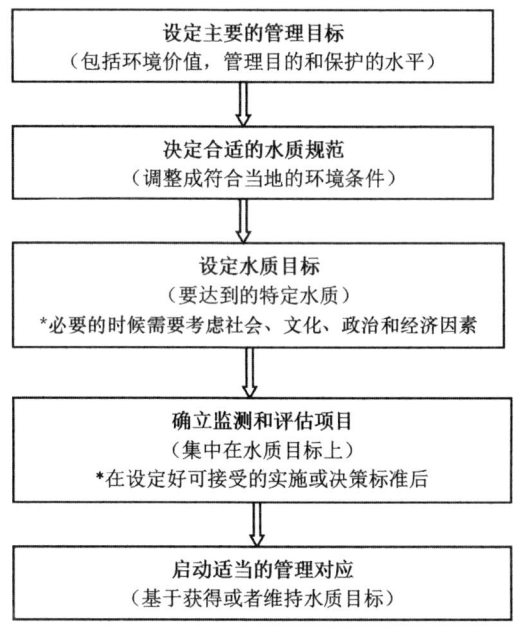

图2 国家水质管理战略过程示意图

资料来源:ANZECC 2000

在图2中,首先要设定主要的管理目标,这包含了两个主要部分:①确定环境价值,本质上就是要获得区域团体的意见,了解他们希望维持或增强的系统价值和使用功能;②管理目标,就是识别、诊断出这个战略应当关注的更具体的管理目标。ANZECC 2000规范对此作出了特别建议,即管理目标应当反映特定的问题以及对此产生的威胁来源。考虑到用于管理策略的资源永远是有限的,因此管理目标应当反映最优先考虑的风险因子,从而决定哪些行动将在最后的管理策略中应给予最先考虑即拥有优先权。

对此,首要的问题是在第一步中如何识别系统所面对的主要胁迫。因此本评估框架旨在阐明这个问题。首先,对系统可能遭受的众多胁迫(称为压力源)进行评估,然后划定优先级别。而优先级别的划分是依据系统生物物理条件和群落赋予环境系统的价值。另外,这个技术框架还额外提供了一套如何筛选与胁迫相关的各个指标,而这些指标是设定保护目标和监测内容的基础。

总之,本评估框架是获取国家水质管理战略中的第一步,即设定主要的管理目标。而国家水质管理战略中后续的步骤,包括设定特定的目标、设计实际可用的管理策略以及相关的监测则不纳入本技术框架范围。

本评估框架的流程如图3所示。这个框架的起点是设定一系列的环境压力,即压力源。对每个压力源而言,框架同时评估了生态系统所面临的风险(压力源的强度和系统面对特定压力源的脆弱性)和实际的现存状态,然后将这两个结果进行比较。当两个评估结果不一致时,会重新检验两个评估的数据,识别造成不一致的可能原因,然后解决这个问题;当两个评估结果基本一致的时候(或者不一致的情况被解决了),将结果与期待的状态进行对比。预期状态的确立是建立在生物群落的价值和以指导方针的形式出现的技术输入上。预期的状态和实际状态之间的对比能识别出什么胁迫(压力源)对系统有最大的影响,从而明确管理上的优先级别。

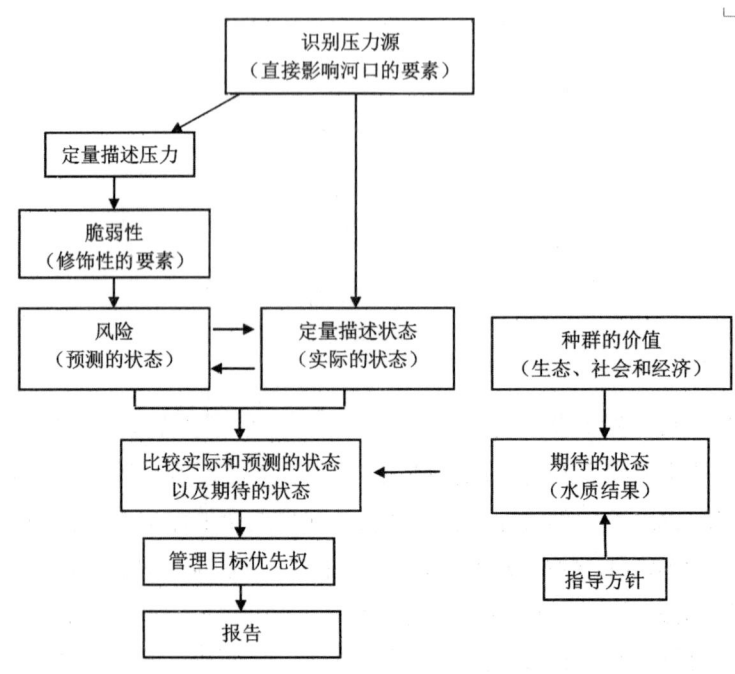

图3 河口综合评估框架示意图

3 建设性框架

尽管本框架为评估性技术框架,它同时也提供了一套用于筛选评估和监测的技术指标体系,而这主要是通过框架的建立逐步发展起来的。首先是压力源,即筛选出的指标需与压力源相关。其次,对每个压力源指定相关的脆弱性指标,然后筛选出那些同压力源相关联的状态指标。最后,如果需要,可以确定同每个压力源相关联的价值指标。指标的筛选过程在第 5 章节中将有更为详细的描述。本章中提出的框架和指标筛选过程已被海岸带 CRC 项目所采纳和应用(Scheltinga et al. 2004)。

本报告的主要目的是建立一套国家层面上的河口区环境健康和生态系统评价指标体系。其中,总共包含了 13 个压力源指标。这些在 Scheltinga(2004)的工作报告中已有详尽的描述。第 3 章则详细地描述了这个建设性框架的各个组成部分,并对这组成部分的内在联系进行了讨论。

3.1 压力和压力源

"压力"一词已被广泛用于描述对自然系统(从物种密度到施肥程度、再到污染物浓度的变化)有影响的一系列因素或活动。它既可以是受到人类活动(如营养盐水平)而改变的自然因素,又可以完全是人类的某种特定活动(如捕鱼)。通常,水质管理战略更加关注于物理-化学压力。在当前的评估技术框架下,压力的范畴被扩展到对水生态系统影响的整个因素范围,包含污染物水平、生境要素的改变、流速的改变、有害动植物的物种入侵和捕鱼这样的人类活动。

制订这个框架的第一步是区分压力和状态,这并不是件容易的事情。但是,有些问题往往可以分解成因果关系链条,如 A 影响 B,B 影响 C,如此类推。具体举例来讲,化肥的使用量会影响营养物负荷,营养物水平会影响河流水质,河流水质会影响植物生长,植物生长会影响其他生物类群。在这个情形下,问题是:什么是压力,什么是状态? 如,河流水质反映的是压力还是状态? 当然,其他问题的联系和之间的关联可能会更少。如,捕鱼能减少鱼种群的数目,所以压力和状态的界限就非常明确。对生境而言,这个界限会随着不同的情形而变化。如,船锚对海草和珊瑚的影响在压力(船抛锚固定的次数)和状态(珊瑚或海草的损伤)之间有明确的界定。然而,如果从系统中直接清除这些关联(如30%的红树林),虽然这明显是个压力,但同时红树林覆盖率减少也同样代表了状态的改变。

需要指出的是,这两个方面在什么地方进行界定可能不是太重要,前提是只要界定的定义明确就可以了。对于这个框架目标来说,状态就是系统自身组成的任何状况,包括水质、生境、生物类群和景观。压力就是对这些组成施加影响的那些直接或者间接因素,包括污染物负荷、总生境破坏程度或者改变方式、生物类群的消失以及淡水输入量的改变。当然,这两个概念也有重叠的地方。如对生境丧失而言,尽管它既可描述成压力和状态,但仍应该优先描述成状态。

对国家指标项目的相关目标而言(Scheltinga et al. 2004),"压力源"的概念是被经常提及并被赋予特定的内涵。这样做的原因就是摆脱非常宽泛的压力概念。正如前面所提及的,这些宽泛的概念下包含了一系列不同的水平。相反,压力源,则更加关注于识别那些对系统产生直接影响的特定因素。如,在某个流域内的城市发展可以被描述成压力,但是城市发展导致的特定压力源又可包括诸多因素,如沉积物的增加、营养物负荷加大以及淡水输入量的改变。

Scheltinga 等(2004)认为物理、化学和生物压力源是环境压力的主要组成。当人类或者其他活动导致这些压力源发生改变时,这就可能造成自然生态系统退化和资源衰竭。对此,压力源可表示为:

● 环境的一个组成将影响(如人类活动)传递到环境的其他部分,从而改变了自身原有的自然状态(如营养物浓度比自然状态下发生改变、生境覆盖率比天然状态少、或者过高的盐度)。这些组成通常在天然(健康)生态系统中,只有当它们从天然状态改变的时候才可被考虑为压力源;

● 环境的一个组成存在时会对生态系统造成压力,如废弃物或者有害物种,这些环境组成通常情况下在天然(健康)的生态系统中不存在,所以当它们以任何数量存在的时候都被认为是潜在的压力源(Scheltinga et al. 2004)。

当然,以上的压力源的定义是相当宽泛的。实际上,在这个界限内识别压力源很大程度上依赖专家意见。如 Scheltinga 等(2004)在报告中提出了总共 13 个压力源,并在两个国家研讨会上接受参会专家的评议。最终,绝大多数的压力源均被这个评估体系所采纳,但是也有新增项目。本评估框架下建议适用于河口系统的压力源清单已在表 1 中详细列出。这个清单有意识地包含了评估过程中有可能面临的各种压力源,但也不是面面俱到。对于某些特定的河口系统,补充一些特定的压力源也是非常必要的。

对绝大多数压力源,Scheltinga 等(2004)建立了压力和效应之间的相互关系(即压力对系统产生的影响),这些将有助于识别和建立压力源与特定系统相关程度的最大联系。压力源是本评估框架真正的起点。因此,本框架的第一步即是识别对系统有重要作用的压力源(表1),第二步是定量描述这些压力源,这个过程包含了筛选和建立合适的指标体系(第5章),以及采用最合适的办法来量化这些指标,如在这个系统中如何定量压力源的营养物污染负荷。当然,它们也可能会被定量成系统自身内部的浓度。但是,正如先前所定义的那样,河流水质已经被定义成一种状态的描述而不是压力。作为另一个例子,定量描述压力源"生物类群的丧失"可能也要把人为捕鱼量包含在内。

表1　河口压力源清单

压力源	原因示例
污染物质:	
有机质	屠宰场排放
细的沉积物	城市开发
酸径流	酸性土壤排水
营养物	污水排放
重金属	矿废
杀虫剂和有机物	农业使用
油	小码头经营
微生物病原体	污水排放
废弃物	城镇化
河滨生境丧失或损毁	红树林的灭绝
生物群的直接丧失	捕鱼,诱饵采集
淡水输入的改变	由于建坝导致水流的减少
水动力的改变	入口清淤
有害物质	腰鞭毛虫的引入
岸线开发	城镇化

如果直接定量压力源的方式不可行,则必须通过间接方式预测。在上面的例子中,营养物污染负荷还可以通过模型或者甚至更简单的流域土地利用获取,而捕鱼量则可以通过某特定河口的职业渔民或业余渔民的数量来预测。

压力源最初用连续变量(如每年进入河口营养物的负荷)来定量描述。对本评价框架的目标,这类信息则又可转换成分类:如使用5个分值(1~5)来表达压力源和相应的脆弱性、风险和现状。本框架中使用的是分值1表示低压力,低脆弱性,低风险或者好的状态;分值5则表示高压力,高脆弱性,高风险或者差的状态。

使用包含一定范围的数据分值具有很直观的优势,即不精确的数据(经常发生)可以更容易被采纳。同时,当可用的数据非常不精确时,这个框架则允许只输入3个分值(即分值1、3和5),这些分值等价于低、中等和高影响。

当然,当决定每个压力源分值使用的数据范围之前,需要了解一些关于压力如何影响状态的前期知识,如,X千克的氮到底代表着河口区高还是低的压力是没有统一标准的。因此,有必要来定量描述压力/状态的关系。而这些往往可以通过一些预测性模型的方式获取。这个内容将在3.3节中进一步深入讨论。

3.2 脆弱性

脆弱性是指系统应对某个压力源时所表现出的脆弱性或反应的灵敏性。另一个用于表达该变化是"改变型因素",即修饰某个特定压力源(Paul et al. 2002)。脆弱性是针对单个的压力源,但往往是指冲刷率或交换速率,这反应了系统对很多污染物的敏感程度。另一个脆弱性因素是沉积物种类或不同目标物种(如鱼、甲壳类生物或浮游生物)抗御不同程度开发利用河口活动的能力。对某些压力源,当前可能会没有合适的脆弱性指示因子,或依据我们当前的知识我们还不能识别出这类因子。

就压力源来说,如有可能,则有必要来定量描述这种脆弱性。对于如冲刷速率的定量性因子信息可能很容易获得,但对个别因子(如某类鱼对捕鱼行为的种群恢复能力)的信息可能非常难以获得。这时就可以使用代替性的度量,即用脆弱性因子等已知指标来代替。当然,一些特定的压力源有可能始终不能用于评估,如冲刷速率对河口截留有毒物质的影响就是非常难以定量描述的。

脆弱性数值同样可以被赋予5个分值。为了确定每个类别的数值范围,我们需了解脆弱性如何影响状态。

当对脆弱性指标无法作出合理的估测或者无法看到其内在关联性的时候,评估框架就可以省略或忽略脆弱性这个指标。在这种情况下,风险评估完全基于压力源的分值。

3.3 风险

风险通常被定义为可能性,即概率和发生后果的乘积。在本技术框架下,风险的定义则稍有不同,是指在一定水平的压力和脆弱性前提下,对当前状态影响所做的预测。定量这类风险必须依赖于对风险和系统状态之间关系的经验,这将再一次取决于预测性的关系或者模型。

当然,这类模型可以是经验性的或是在前期建立并已经通过验证从而确定的。在这个模型建立过程中,通常把通过一系列压力定量参数同现存状态联系在一起,而这往往需要输入大量的数据,但在多数情况下这些数据是无法获得的。本框架因而集中于研究经验性模型。经验性模型依赖于压力和状态之间经由统计方法导出的关系。这些模型有时被称之为'黑箱'模型,因为尽管模型的输入和输出已确定,但人们依然无法详细了解关联压力和状态的那些过程的细节,这点与决定性模型很不同。一个典型的例子就是 Vollenweider(1971)的淡水湖泊模型。这个模型把相关的磷年输入量同叶绿素 a 的水平之间进行了关联,而这些都是通过对湖泊的大量数据进行统计获得的。同样,模型包含了一个脆弱性因子——深度,即在一定磷负荷的前提下,深湖泊比浅湖泊受的影响更小。

最近,一些研究已经尝试把地形度量(因果性压力)同河流状态进行关联。如 Mallin 等(2001)在人口特征、地形和降雨量与海岸带微生物污染之间推导出一定的相关关系。Hale 等(2004)在地形指标和美国河口底栖状态之间建立了联系。Paul 等(2002)给出了地形度量和一系列沉积物污染程度之间非常具体的统计学关系。他们也提出沉积物特征和水文条件是重要的改变性或脆弱性因子。

在澳大利亚,水公共事业机构出版的"娱乐用水流域:实施和评估卫生检查(WSAA 2003)",提倡通过系统压力的定量化来评估系统风险的方法。根据该出版物的相关内容,我们可以采用这个相对简单的方法。"重要性"一列代表了风险或者预测的状态,"稀释"和"微生物的来源影响"作为脆弱性或者修饰性因子被列入其中。

表2 风险评估草案

源	浓度（粪便链球菌）	稀释和分散的效应 排放特性和接受水体的情形	稀释因子	时间的影响	产生浓度（同监测结果进行对比）	微生物来源的影响	产生浓度（用于判别重要性）	重要性
废水排放A（二级处理，没有消毒）	10^5	靠近岸线和海滩的短排放口	0.04	1	~4000	1.0	~4000	很高
废水排放B（一级处理，有消毒）	10^5	通过长的排放口高流速的排放	0.01	1	~1000	1.0	~1000	高
强降雨A（城镇，没有污水溢流）	10^4	直接排放到海滩	0.20	1	~2000	0.5	~1000	高
强降雨B（农村，没有污水贡献）	10^4	上游500 m排放（盛行流），直接在海滩排放	0.05	1	~500	0.1	~50	中等
游泳者（每150 m³少于20个）	10^1	没有稀释；游泳区域的体积~150 m³	1.00	1	~10	1.0	~10	低
农村河流	10^3	下游排放（盛行流）	0.02	1	~2	0.1	~0.2	非常低
总计					>7500		>6000	非常高

注：①估算是在湿润天气下进行的.
②个数通过表中的乘积进行估算，譬如，$10^5 \times 0.04 \times 1 = 4000$.

资料来源：WSAA 2003.

根据本评估框架目标，将压力和脆弱性的度量结合在一起，从对特定压力源的评估角度提供了一种度量系统风险的方法。这个办法是使用一个简单的"脆弱性对压力"的双向图来实现的。Cox等在2004年建立的方法已经被广泛应用(表3)。

3 建设性框架

表3　从压力和脆弱性分值推导出系统所遭受的风险

风险		压力				
		1	2	3	4	5
脆弱性	1	1	1	1	2	3
	2	1	1	2	3	4
	3	1	2	3	4	5
	4	2	3	4	5	5
	5	3	4	5	5	5

注：1表示低压力，低脆弱性和低风险；5表示高压力，高脆弱性和高风险．具有低压力和低脆弱性系统的风险小，而具有高压力和高脆弱性系统的风险大．

资料来源：Cox et al. 2004．

轴上1~5分值（黑体字）来自于压力和脆弱性评估。分值之间界限的划分是依据专家对其关系的解释和定值。当然，这些数值可以针对特定需求进行适度修正。

表中代表风险的分值（没有加黑的数字）有一定程度的随意性。显然，低压力和低脆弱性的结合等同于低风险（1），但是反过来，高压力和高脆弱性等同于高风险（5）。然而，这之间的分值是通过压力源、脆弱性和风险之间的线性关系进行延伸推测的。因此，这个假设的可靠程度将更多依赖于具体的压力和脆弱性因子。针对本技术框架的目标，我们已经假设所有情形下都正确。但是，正如以上所提到的，也可能把压力和脆弱性的分值界限都改变，使得风险数值的分布更吻合特定的系统。

在本案例中，对于绝大多数识别出的压力源来说，都是基于以上描述的简易形式，即已经建立了压力源、脆弱性和风险联系在一起的黑箱子。尽管从本质上来说这些因素的内涵都很简单，并且所需的信息仍不足以揭示深层次的内涵，但这些都是建立在目前所能获取的最佳信息上所能得到的结果。并且，这个技术框架的使用者能够方便地修改或者裁减这些因子，使得所获信息更适合某些特定的系统。以上所提及的压力源黑箱子模型在附录中均有详细描述。

尽管这5个分值的格式相对简单，但从管理的角度上看，5个分值已经足够用于确定管理的优先权限。

3.4　状态

本节描述了系统所处的实际状态，而不同于3.3节中预测的状态或风险。

在以前的一些评估体系中,状态评估只是针对能够提供对状态描述的一般性评估,如可持续性河流能够成为大型无脊椎动物栖息地和维护鱼类的生物多样性。然而,一旦状态受损,这些描述性指标往往不能指明是什么压力导致了这些变化。然而,在本技术框架中,最关键的特征就是将状态评估同特定的压力源之间建立了关联。为此,本框架下的状态指标是基于以上目的筛选出来的,并提供了对于特定压力源的具体信息。反过来,鉴别出的特定压力源也为后期的管理规划提供了更好的信息。

状态指标的选择应基于:
- 压力源对系统影响的本质;
- 可能受压力源影响的系统价值。

对于压力源对系统影响的本质,这个过程可能是复杂的,并造成选择合适的指标变得复杂。对于很多压力源来讲,在对水质有主要影响的同时,也会对生态系统的价值或人类价值造成次生影响。如有机质影响溶解氧,溶解氧继而会影响生物群落结构。在这个过程中对价值的影响(在这个例子中是生态系统)就是主要的关注点。然而,用于描述生态系统的直接指标通常是难以测量的,因为通常情况下,这些指标数值的变化可能是由于一系列不同的压力源或各种压力源合力造成的,进而使得事情变得更加复杂。因此,通过测量水质指标和使用这些指标在已经建立的关系上来推测生态系统可能受到的影响,这种做法则相对容易并且能够提供更多的信息量。

同样,生境的丧失是将对生境产生直接影响,但同样对生态系统稳定也有不利影响。并且,这些影响通常是难以评估的,而直接测量生境的丧失量以及推测对生态系统的影响则是更实际的方法。其他的压力源,如捕鱼对生物类群产生的直接影响,因此这些指标就需要反映这个影响。

同样,这些指标需要与该系统中某些受保护的价值有一定的关联。如溶解氧的改变同生态系统保护有关,但同水体是否适合游泳的关系就不密切。相反,沿海岸线废弃物的密度同观光娱乐有关,但是同生态系统的相关性则有限(除了某些特殊类型的废弃物)。

Scheltinga 等(2004)提出三类主要的指标类别:水质、生境和生物群落。对于每个压力源来讲,指标应当从一个或者多个类别中去选择。在某些情形中,一个压力源可能对一个特定的组成没有影响(如废弃物对水质的影响),从而没有合适指标用于指示这种影响。在其他的情形中,我们可能没有足够的知识了解压力源是如何影响某个特定的组分,而在研究压力源对澳大利亚河口生物群落影响上这种情形尤其明显。

Cooper（1994）研究了南非河口健康和鱼类多样性之间的关系，但是在澳大利亚没有相关研究的记载。但有研究模仿淡水环境中使用的方法，通过各种尝试在大型无脊椎动物和河口健康之间建立特定联系（Skilleter 和 Stowar 2001；Moverly 和 Hirst 1999）。然而，这些研究的结果表明：河口大型无脊椎动物天然特征太易变化，所以无法有效识别人类对其产生的影响。目前被证实的河口生物指标非常有限，其中最可靠的指标就是与营养物相关的生物指标，如浮游植物、丛生植物或者大型藻生物量的增加代表的初级生产力的增加。

把各个指标分解到水质、生境和生物群落的不同类别中，在操作上具有一定的技术优势。首先，各个指标要反映特定压力源的影响（而不是其他压力源），其次它需要直接或间接地同评价体系的目标产生关联。

本技术框架的附录提供了对所有建议压力源的状态指标。这些可作为默认的指标，使用者可根据特定情况采用其他的指标来代替，以使所选指标更符合各自特定的评估体系。

在筛选特定状态指标的基础上，要对这些指标进行量化分级，正如框架中的其他指标，均赋予 5 个分值，1 是很好，5 是很差。当然，指导性信息（如 ANZECC 2000 指导方针）是获得这个目标的第一步。但这些指导性信息通常只对描绘类别 1 有用，即描述非常好的状态。有些则例外，如指导方针就对重金属就不同水平的风险给出不同的赋值。对大多数压力源来说，其他 4 个分值的划分必须要通过专家意见或者公开发表的方法学（如废弃物的评估方法学通常有相关的分级标准）来确定。一些压力源如生境可通过与欧洲殖民者定居前的生境进行对比来得以评估，但是依然需要对生境损失程度赋予 5 个分值类别。

需要注意的是，在指标选择中很重要的一点是状态定级，如指导原则仅是针对系统特定的价值而言的。如薄的油层会影响系统的美观，但是从保护系统的角度来说油层可能并不重要。本框架中大多数压力源与特定的价值之间有着必然联系，并起着关键作用，而这个价值通常就是生态系统自身的价值。然而，当一个压力源影响了一个或多个特定价值时，就需要对不同的价值采用不同的分级赋值和类别划分。

附录为所有的压力源提供了相关状态指标的默认分类赋值。如上所述，各个分类赋值是建立在一系列指导原则和专家建议基础上完成的，表明每个压力源的背景信息是对每个被选定指标价值的体现。和风险评估一样，分类赋值的边界可被本框架的使用者进行调整并适应于他们各自特定的目标。

3.5 风险和状态的对比

"风险"是对预测状态的度量,而"状态"是对当前系统状态的一种直接度量。如果能够同时使用这两种分别独立的度量表征系统状态,这将是非常可靠和完美的。如果每个度量类别是基于充分的信息基础上赋值,那么可预见风险和状态之间的关系将会取得一致,即一个具有高风险的系统将会显示较差的状态,反之亦然。而一旦确定了这种关系,就有把握确信对系统的诊断是正确的。有时,可能有迹象表明要么对风险的评估是错误的,要么对状态的评估是错误的。如若不是,那么一个包含低风险和差状态的情形很可能就意味着一个系统的天然状态就是差的,这是不值得过多关注的。而当风险高而状态好的时候,这就意味着人类活动可能会产生潜在风险。

根据 Cox 等(2004)工作确定的属性样式,风险和状态的比较采用了双向表的方式(表4)。理论上,风险应当同期待的状态相等价。风险和观察到的状态之间的对比,为压力和状态之间评估提供了交叉验证。

表4 观察到的状态和期待的状态(风险)之间比较

		观察到的状态				
		1	2	3	4	5
风险	1	A	B	C	C	C
	2	B	A	B	C	C
	3	C	B	A	B	C
	4	C	C	B	A	B
	5	C	C	C	B	A

注:1=好的状态或者低风险,5=差的状态或者高风险;
A=观察到的状态匹配期待的状态;
B=观察到的状态同期待的状态有轻微的差异;
C=观察到的状态同期待的状态不匹配。
资料来源:Cox et al., 2004.

对每个压力源来说,风险和观察到状态的分类化的分值可以用这种方法表示。表4中 A/B/C 的结果表示方式提供了针对风险和观察到的状态之间吻合程度的一种更为直观的评估方式。

这种方法,即风险同观测到的状态的对比,类似于 WSAA(2003)中推荐的方法(表5)。纵轴表示"风险",我们定义风险从"非常低"到"非常高"(即1~

5)。再上面是 4 个"测量的状态"类别(<40,40~200 等)。这个表的输出是词语性的表述,而不是字母或数字性的赋值。因此,我们的 C 类是等价于 WSAA 中"跟进"一级。这个表同样显示了基于生物类群数目的一个额外的风险评估。这样做的目的是能够充分展示所选状态分类的合理性。

表 5 风险和状态对比的例子

污染严重程度分级②	监测中发现的粪便链球菌数目①			
	<40	40~200	201~500	>500
	从生物的数目来推测的风险水平③			
	每 100 暴露 G1<1 每 300 暴露 AFRI<1	每 20 暴露 G1<1 每 40 暴露 AFRI<1	每 10 暴露 G1<1 每 25 暴露 AFRI<1	每 10 暴露 G1>1 每 25 暴露 AFRI>1
非常低	非常好	非常好	后继④	后继④
低	非常好	好	较好	后继④
中等	后继④	好	较好	差
高	后继④	后继④	差	非常差
非常高	后继④	后继④	差	非常差

注:① 95%置信范围是世界卫生组织的推荐值,变化很大的监测结果需要进一步审查来找出造成变化的原因,并采用合适的方法来估计置信水平的上限,区别对待不同的状态如湿润的季节是必要的.
② 基于卫生调查中的粪便链球菌数目的分级,特别强调人粪便链球菌污染,数量级只是基于已有的数据进行估测.
③ AFRI:急性发热呼吸疾病;GI:肠胃疾病.
④ 意料之外的结果,如果可能的话需要再研究,除非监测数据不确定或者数目有限(如没有包含湿润天气等的一系列状态),通常浴场水体监测数据的重要性应当比卫生检查的估测数据重要.

3.6 价值

价值是目标系统可获取的各种价值总和,这类似于国家水质管理策略(ANZECC 2000)中标识的"环境价值"。就本框架目标而言,我们采用国家水质管理策略价值作为起始价值,同时扩展了覆盖范围,包含了一些经济价值如渔获物,这提供了更为具体的价值数值。同样,我们已识别了一系列同河口相关的压力源,最终目标是提供一套覆盖比较广泛的河口建议性价值(表6)。

表6 河口建议性价值

价值类别	价值
生态系统价值	水质
生态健康	生境 河流中生物群,如鱼,甲壳内动物,底栖无脊椎动物 水类野生生物,如迁徙鸟类 生态系统过程,如反硝化
保护价值	稀有和濒危的物种 代表性 特殊生境
人类使用价值	娱乐性钓鱼
娱乐价值	娱乐性饵料收集 滑水运动,水上摩托车运动 航海,帆板运动,皮划艇运动 航船 游泳,潜水 观光娱乐(景观) 食用甲壳类动物和鱼
文化价值	文化财产的维护:澳大利亚土著或者欧洲的鱼网捕捞
经济价值	拖捕
商业捕鱼	捕蟹 饵料的捕集
水产养殖	贝壳类养殖 笼箱养鱼 对虾养殖
旅游业	风景观光 钓鱼 一般性娱乐 潜水
其他	

以上提出的价值清单可用于风险和状态进行相互匹配,从而能够更好地捕捉这些系统特征变化对系统价值的潜在影响。本评估框架的使用者可以根据实际需求,增添或删除同他们自己特定系统相关或无关价值因子。

当建立以上的价值因子清单后,接下来下一个任务就是对特定系统的价值进行定量描述。

3.6.1 价值重要性的量化

澳大利亚"国家水质管理策略"推荐了一个广泛的社区咨询方案来识别系统的重要价值。但是如何定量不同价值的重要性却还没有特定的方法。本评估框架的目标是将表 6 中的价值赋值方法同其他框架赋值方法一样,即采用 1~5 分值。然而,这里"1"将表示非常低的价值,"5"表示非常高的价值。

表 7 列出这类价值评估工作已经开展实施的一个例子(来自 Lockie & Jennings 2002),该地居民把区域内水体按照 1~10 的分值尺度给予赋值。

表 7 基于 1~10 评分尺度对区域水体系统风险评估

价值	均值	标准偏差
价值	均值	标准偏差
生态/环境重要性	8.96	1.577
城镇水供应	8.86	2.225
风景	8.25	1.942
标志或者地标	8.11	2.045
农业	7.64	2.726
旅游	7.54	2.434
工业水供给	7.51	2.828
强降雨处理	7.34	2.905
陆上娱乐	7.18	2.414
文艺和假日活动	7.17	2.395
遗产	6.98	2.748
水上娱乐	6.64	2.874
废水处理	6.55	3.619
娱乐和聚会	6.39	2.637
商业捕鱼	5.86	3.121
沙石挖掘	5.73	3.324
其他商业使用	5.71	3.338
住宅性开发	5.26	2.926
行人交通	5.25	3.026

资料来源:Lockie & Jennings, 2002.

3.6.2 关联状态和价值

对 IEAF 中的每个压力源,被选择的状态指标通常是针对特定的环境价值,这个价值在绝大多数情形下就是对生态系统的保护。因此,对于每个指标的赋值(1~5)更多是基于对特定价值的潜在影响。如最佳状态赋值 1 通常是根据 ANZECC 指导原则基础确定的,而这些数据往往与要研究对象的价值有关。其他状态的分级主要是根据专家意见赋值的,但这些均是基于对环境价值的影响水平而建立的。

对系统状态分级的主要作用是能够揭示那些被直接度量的压力源对被研究系统价值的影响。如对于有机质这种压力源来讲,对生态系统价值的主要状态指标是溶解氧。因此,当溶解氧的状态赋值为 1 时,表明对生态系统的价值没有影响,而赋值 5 时则表明具有非常大的影响。

如果指标所指向的环境价值是具体的,那么对状态分级赋值后就可以解读成对这个价值的影响。这也就意味着,在管理优先权的评估中,环境价值的重要性(由社区所决定)可同状态分级的赋值进行直接对比(即对那个价值的影响)。根据影响的水平和这个价值赋值的重要性,就可以对压力源应当被赋于的管理优先权限作出逻辑判断。

4 报告和管理的优先权限

正如在技术框架提纲中所显示的那样,管理优先权限应当综合考虑风险、状态和价值等多个因素。因此报告就需要包含这些因素。本技术框架是建立在表1所列出的各种关键压力源的基础上,而技术报告内容则同样要依据这些压力源。

报告框架寻求阐明如下问题:
- 一个特定的压力源对一个系统来讲代表着何种风险水平?
- 当前对系统施加的影响到了何种程度?
- 特定压力源对系统价值的影响及其重要性如何?

基于这些要解决的问题,表8给出了一个技术报告的输出格式和内容。如果每个因子赋值1~5分,则1分代表最好或者最差,5分代表最差或者最好。另外,相关价值重要性的分值是5分代表最好。

表8 一个特定系统评估报告

压力源	风险	状态	受影响的价值	被社区分级的价值重要性
酸径流	5	4	生态系统	5
营养物	2	1	生态系统	5
生境损失	4	4	生态系统	5
病原体	5	5	生态系统	2

在这个例子中,酸径流,生境损失和病原体对水体系统的风险与状态都是非常重要的评判指标,而营养物对生态系统的风险则小得多。因此,酸径流、营养物水平和生境损失都会对水体系统的价值产生影响,也就被赋予了较高的分值,而病原体会对水体的娱乐价值产生影响,而娱乐在这个案例中的重要性是相对较低的。因此,本案例中酸径流和生境损失有很高的风险,对评定分值高的价值有影响,将会被评定为最高的管理优先权;而尽管病原体有高风险,但仅对低分值的环境价值产生影响,因此它的优先级别低;营养物质尽管对高分值的价值(生态系统)有影响,但是风险低,因此也具有较低的优先权限。

5 指标选择

选择状态指标必须是以满足目标为前提,同时也要考虑各自的特殊背景。为此,很多 SoE 文件和相关文献在这方面都有明显不足,即只展示了冗长的指标清单,但是预期目标却非常不明确。

章节 3 中描述的技术框架为制订指标的选择提供了背景和目标。使用定义好的压力源作为起始点,并通过框架内的逻辑过程完成指标的选择。图 4 简要说明了这一过程,表 9 给出了一个实用范例。

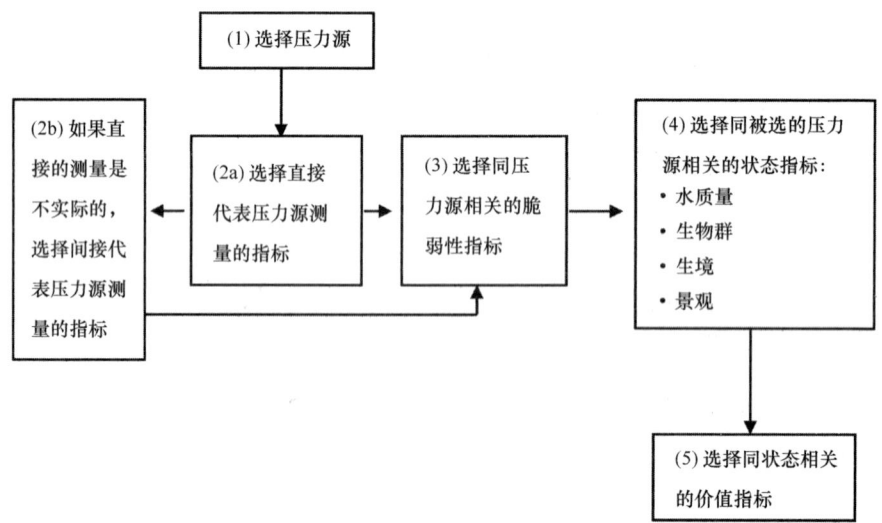

图 4　指标选择的过程

5 指标选择

表9 应用 IEAF 框架选择指标的范例,使用营养物作为压力源

压力源:营养物(氮和磷)		
压力指标	间接的压力指标	流域土地使用 %具有健康河滨带的河流长度 %具有三级处理的污水处理厂 污水溢流事件的体积/数目 %水产养殖的面积 %使用污水系统的面积
	直接的压力指标	总的面源性营养物质进入系统的负荷(监测的或者模拟的),总的点源性营养物质进入系统的负荷(监测的或者模拟的)
脆弱性指标		系统冲刷速率
状态指标	水质	水体中总的和溶解的营养物或者沉积物中总的和溶解的营养物
	生物群	叶绿素 a 或者附生植物海草生物量 潮间带沙子/泥滩:大型藻生物量,底栖微型藻生物量 岩石型岸线,岩石型礁石和珊瑚礁:每单位面积的藻类生物量
	生境	海草的丰度和分布
	感官	水华,大型水生植物暴发
价值指标	感官	藻华的数目/频次
	娱乐	娱乐场所关闭的数目/频次 参观娱乐场所(红树林,礁石等)的游人数目
	水产养殖	水产养殖区域由于有毒水华而关闭
	渔业	捕鱼量的减少,物种的变化
	响应	%使用最佳管理的农场 对点源的升级 河滨带修复的长度 %维持的污水系统 为转化成最佳管理而开展的激励措施 单位面积上化肥的施用量 %具有强降雨管理规划的城镇面积

改编自 Cox et al. 2004.

在这个过程中,已经默认压力和状态指标之间的内在联系。需要指出的是,这个联系程度必须要基于当前所能到达的技术能力。当然,同时使用概念性模型(图1)对于加深压力和状态之间内在联系的了解也会有很好的帮助。

Scheltinga 等(2004)根据压力源特征,采用这个方法在大范围内推导、筛选了相关指标。同样,这个过程需要调整指标赋值来适应特定的系统类型。

6 评估框架的应用

制订出上述的技术框架后,一个重要的内容就是向框架里面填充大量数据,进而使它成为一个在管理方面有用的工具。这些数据就包括上面提出的各个压力源、为技术框架各种组成制订的指标,然后定量描述它们之间的内在关联,这些数据对于技术框架的使用尤为重要。澳大利亚不同河口区物理和生物特征的差异显著,使得应用这个技术框架变得更加复杂。

在本报告中,每个主要压力源的默认信息采集工作已经完成,并提供了关于指标和状态之间内在关联的大量信息,从而使得这个框架能够被广泛使用,当然我们也提供了关于这个框架如何被使用的技术指南。然而,其他使用者可以调整框架内容来满足他们自己的特定研究体系。所有这些信息在每个压力源的信息清单上已经列出(见附录),并且每个信息单都给出了具体的信息。

- 压力源名称
- 背景信息
- 压力指标和赋值
- 脆弱性指标和赋值
- 状态指标和赋值

以上所提供的信息将更加有助于使用者利用电子制表软件来灵活使用这个评估框架。

利用评估框架的案例。

利用评估框架的必要步骤如下。

6.1 选择压力源

默认清单正如先前在表 1 中所示的那样,即:
- 污染物
  - 有机质
  - 细小的沉积物
  - 酸径流

- ➢ 营养物
- ➢ 重金属
- ➢ 农药和有机物
- ➢ 油
- ➢ 病原体微生物
- ➢ 废弃物
- ● 河滨带丧失或者扰乱
- ● 河流生境的丧失或改变
- ● 生物类群消失
- ● 淡水输入的改变
- ● 水动力学的改变
- ● 有害物种
- ● 岸线的发展

另外,一个替代性的方法是只选择那些同河口有关的压力源指标。然而,我们建议对所有的指标都要考虑,而不是只选择部分指标。根据这些指标作出的评估结果,最后的报告将是对所有压力源开展综合评估。其中即使有些压力源并不重要,它们较低的赋值对于管理优先权限也将是有用的信息。

6.2 定量描述压力源

风险等同于预测的状态,通过压力源和脆弱性评估即可完成压力源的定量描述。

在这里,将营养物污染的压力源作为一个例子进行说明。营养物被默认的压力指标是 $mg/m^2/d$ 的氮或者磷(见附录)。当然,这些值必须通过当地水环境信息和附录中给出的赋值类别来获取。

营养物默认的脆弱性指标是冲刷速率。这个应当依据附录中赋值表对研究的河口进行计算获取。

压力和脆弱性赋值可以使用 3.3 节中所示的双向表进行合并(表10)。

6 评估框架的应用

表 10 从营养物污染进行风险评估,使用压力和脆弱性

风险		压力/(m²·d⁻¹)(毫克磷或氮)				
		1	2	3	4	5
脆弱性 (冲刷速率)	1	1	1	1	2	3
	2	1	1	2	3	4
	3	1	2	3	4	5
	4	2	3	4	5	5
	5	3	4	5	5	5

注:1 表示低压力、低脆弱性和低风险;5 表示高压力、高脆弱性和高风险.

从表 10 的矩阵中可以读出不同的风险值(1~5)。一个高风险数值(期待的状态)等同于一个差的期待状态。矩阵内所有的指标值都是系统默认的。当然,使用者可以结合自己的特定系统进行适当调整以适合特定的研究。

既然我们已经考虑到了氮和磷,因此营养物指标就会赋予两个风险值。这样具有多个指标以及因此产生的多个风险数值,主要是由于存在多个压力源所导致。在河口的评估体系中,建议均采用最大的风险值。

6.3 状态评估

在这里仍以营养物为例。营养物的默认状态指标是叶绿素 a 和大型藻。评估时,应当根据实际情况选择那些与系统关系最为密切的指标,如果需要,两个指标都可以同时使用。其中,状态指标值是从当地水环境信息中推导出来的,然后根据附录中的说明进行赋值(1~5)。如果两个指标都被使用,最终报告里面应采用较高的数值(即最坏的)。

6.4 风险和状态对比

对比的目的是寻找风险(预测的状态)和实际状态之间可能存在的不一致。而一旦出现了不一致,那么在使用本评估技术框架之前就要对数据进行重新评估。对比的实施主要是通过下面的矩阵完成(表 11)。如果风险和状态高度一致,那么矩阵评价结果为 A;如果稍有不一致,那么评价结果为 B;如果高度不一致,那么评价结果则为 C,而这将会引发对数据和评估的进一步确认。

表 11 就营养物质的压力源对比系统的风险和状态

		观测的状态				
		1	2	3	4	5
风险	1	A	B	C	C	C
	2	B	A	B	C	C
	3	C	B	A	B	C
	4	C	C	B	A	B
	5	C	C	C	B	A

注:1 为好的状态或者低风险,5 为差的状态或者高风险;
　　A 为观测的状态吻合预测的状态(即风险);
　　B 为观测的状态同预测的状态稍有不同;
　　C 为观测的状态同预测的状态不匹配,以上这些情形均需要进一步研究.

6.5　河口状态风险评价范例

六里溪河口状态报告		
压力源	风险	状态
有机质	2	3
细泥沙	4	4
酸径流	1	1
营养物	3	3
重金属	1	2
农药和有机物	2	2
油	3	3
病原体微生物	2	3
废弃物	4	3
河滨带生境丧失或者扰动	3	3
生物群的直接消亡	4	4
淡水输入的改变	2	1
水动力条件改变	2	2
有害物种	5	5
海岸线开发	4	4

注:1 表示低风险或好的状态;5 表示高风险或差的状态.

6.6 决定管理的优先次序

上面案例将对有害物种的控制列为区域管理中最需优先控制的指标(因为预测和实际状态都是非常差的)。沉积物颗粒、海岸线发展和捕鱼也是需要重点关注的指标,但其他的一系列压力源的影响则相对有限。为了决定最终的管理优先次序,同时需要结合生物物理指标与河口价值的内在关联。在大多数情形下,生物物理性指标的优先权将成为最终的优先权限。但是,价值评估的过程也是非常重要的,它能够确保所设定的管理优先次序是实际可以接受的。

7 未来发展

本报告已经在很大程度上完成了基本框架的制订。在未来的发展中,应注重增添或优化框架内的信息。

这包括:

- 改善和优化黑箱子中的经验关系;
- 发展风险/状态和价值之间的定量关系;
- 为每个压力源制订量化指标;
- 修改和优化部分指标以适应不同类型系统的评估需求。

当然,这个报告还缺少了一个重要的工作,即目前的框架体系内还没有涉及机理性的内容。然而,评估框架的指标和内容可根据特定案例进行适当调整和修改,使得灵活应用这个技术框架以满足特定需求成为可能。

另外,为了开发这个软件包设计的目的是帮助不同使用者熟练掌握、使用这个评估框架,我们的研究队伍还在开发一个软件包"脆弱性-压力-状态-影响-风险-响应框架(VPSIRR)",目前已经完成了软件层面的开发,但是依然在完善其中的数据。软件包括了章节 6 中概括评估过程,并且利于使用者掌握弹出窗口的数据输入,然后进行表格中各项指标的比较最终得出评估报告。

7 未来发展

■ 首字母缩略词和缩写

ANZECC 澳大利亚和新西兰环境与保护委员会

ASS 硫酸土壤

BMP 最优管理措施

BOD 生化（或生物）耗氧量

CRC 联合研究中心

DAFF （联邦）农业、渔业和林业部

DO 溶解氧

DPSIR 推动力-压力-状态-影响-响应（模型）

GIS 地理信息系统

IEAF 河口综合评估框架

N 氮

NTU 散射比浊法浊度单位

NWQMS 国际水质管理战略

P 磷

PSIR 压力-状态-影响-响应（模型）

RUSLE 修订的土壤流失一般方程

SoE 环境状态

VPSIRR 脆弱性-压力-状态-影响-风险-响应（软件）

WHO 世界卫生组织

WSAA 澳大利亚水公共服务联合会

参考文献

ANZECC (2000) Australian and New Zealand guidelines for fresh and marinewater quality. Australian and New Zealand Environment and Conservation Council/Agriculture and Resource Management Council of Australia and New Zealand. www. deh. gov. au/water/quality/nwqms/index. html(Accessed 16 June 2006).

Bartram, J. & Rees, G. (eds) (2000) Monitoring bathing waters: a practical guideto the design and implementation of assessments and monitoring programs. E & FN Spon, London.

Bidone, E. D. & Lacerda L. D. (2004) The use of DPSIR framework to evaluatesustainability in coastal areas. Case study: Guanabara Bay basin, Rio deJaneiro, Brazil. Reg. Environ. Change 4: 5-16.

Cooper, J. A. G., Ramm, A. E. L. et al. (1994) The estuarine health index—a newapproach to scientific-information transfer. Ocean & Coastal Management25(2): 103-141.

Cox, M., Scheltinga, D., Rissik, D., Moss, A., Counihan, R., & Rose, D. (2004) Assessing condition and management priorities for coastal waters in Australia. Proceedings of the Coastal Zone Asia Pacific Conference,5-9 September 2004, Brisbane.

CSIRO (Commonwealth Scientific and Industrial Research Organisation) (2002) SedNet: Assessing catchment water quality. <http://www. clw. csiro. au/publications/general2002/managing_regional_water_quality. pdf> (Accessed 16 June 2006).

DAFF (Department of Agriculture, Fisheries and Forestry) (2006) Catchmentcondition online maps. http://www. brs. gov. au/mapserv/catchment/(Accessed 16 June 2006).

Deeley, D. M. & Paling, E. I. (1999) Assessing the ecological health of estuaries inAustralia. Marine and Freshwater Research Laboratory, Institute for Environmental Science, Murdoch University. LWRRDC Occasional Paper17/99 (Urban Subprogram, Report No. 10) December 1999.

Environment Agency (UK) (2002) Aesthetic assessment protocol (beach survey). R&D Technical Summary, E1-117/TR. Environment Agency, Bristol, UK.

Ferreira, J. G. (2000) Development of an estuarine quality index based on keyphysical and biogeochemical features. Ocean & Coastal Management 43: 99-122.

Hale, S. H., Paul, J. F. & Heltshe, J. F. (2004) Watershed landscape indicators ofestuarine benthic condition. Estuaries 27(2): 283-295.

Kiddon, J. A., Paul, J. F., Buum, H., Strobel, C. S., Hale, S. S., Cobb, D. & Brown,B. S.

(2003) Ecological condition of US mid-Atlantic estuaries, 1997—1998. Marine Pollution Bulletin 46: 1224-1244.

Ladson, A. R., White, L. J., Doolan, J. A., Finlayson, B. L., Hart, B. T., Lake, P. S. &Tilleard, J. W. (1999) Development and testing of an index of streamcondition for waterway management in Australia. Freshwater Biology 41(2): 453-468.

Lockie, S. & Jennings, S. (2002) Central Queensland healthy waterways survey. Cooperative Research Centre for Coastal Zone, Estuary and Waterway Management, Brisbane.

Mallin, M. A., Ensign, S. H., McIver, M. R., Shank, G. C. & Fowler, P. K. (2001) Demographic, landscape, and meteorological factors controlling themicrobial pollution of coastal waters. Hydrobiologia 460: 185-193.

MBWCP (Moreton Bay Waterways and Catchments Partnership) (2006) Ecological Health Monitoring Program. <http://www.ehmp.org/ehmp/>(Accessed 16 June 2006).

Moverly, J., & Hirst, A. (1999) Estuarine health assessment using benthicmacrofauna. LWRRDC Occasional Paper 18/99. Urban Sub-program Report No 11.

NLWRA (National Land and Water Resources Audit) (2002) Australian catchment, river and estuary assessment 2002. Volume 2, pp. 193-386. National Land and Water Resources Audit, Commonwealth of Australia, Canberra.

Paul, J. F., Stroebel, C. J., Melzian, B. D., Kiddon, J. A., Latimer, J. S., Campbell, D. E. & Cobb, D. J. (1998) State of the estuaries in the mid-Atlantic region ofthe United States. Environmental Monitoring and Assessment 51: 269-284.

Paul, J. F., Comeleo, R. L. & Copeland, J. (2002) Landscape and watershedprocesses: landscape metrics and estuarine sediment contamination inthe mid-Atlantic and Southern New England Regions. J. Environ. Qual. 31: 836-845.

Peirson, W. L., Bishop, K., van Senden, D., Horton, P. R. & Adamantidis, C. A. (2002) Environmental water requirements to maintain estuarine processes. Environmental Flows Initiative Technical Report No. 3, Commonwealth of Australia, Canberra.

Pillans, S., Pillans, R. D., Johnstone, R. W., Kraft, P. G., Haywood, M. D. E. & Possingham, H. P. (2005) Effects of marine reserve protection on the mud crab *Scylla serrata* in a sex-biased fishery in subtropical Australia. Mar. Ecol. Prog. Ser. 295: 201-213.

Queensland Department of Natural Resources, Mines and Water (2006) Presence/extent of litter (Indicator status: for advice). <http://www.nrm.gov.au/monitoring/indicators/estuarine/presence-of litter.html#analysis> (Accessed 16 June 2006).

Scheltinga, D. M., Counihan, R., Moss, A., Cox, M. & Bennett, J. (2004) Users' guide for estuarine, coastal and marine indicators for regional NRM monitoring. Cooperative Research Centre for Coastal Zone, Estuary and Waterway Management, Brisbane.

Skilleter G. A. & Stowar M. (2001) Development of an assessment scheme forestuarine health in SE Queensland. Final report to Coast and Clean Seas. Prepared by Marine and Estuarine Ecology Unit, Department of Zoologyand Entomology, University of Queensland, Brisbane.

Uncles, R. J., Stephens, J. A. & Smith R. E. (2002) The dependence of estuarineturbidity on tidal intrusion length, tidal range and residence time. Continental Shelf Research 22: 1835–1856.

US Ocean Conservancy (2002) National Marine Debris Monitoring Programwww.oceanconservancy.org/ site/PageServer? pagename=mdm_debris(Accessed 16 June 2006).

Vollenweider, R. A. (1971) Scientific fundamentals of the eutrophication of lakesand flowing waters, with particular reference to nitrogen and phosphorousas factors in eutrophication. OECD, Paris.

Ward, T., Butler, E. & Hill, B. (1998) Environmental indicators for national State of the Environment reporting-Estuaries and the sea. Australia: State of the Environment (Environmental Indicator Reports), 81 pp. Department of the Environment, Canberra.

Waugh, P. S. & Padovan, A. V. (2004). Review of pesticide monitoring, use andrisk to water resources in the Darwin region. Northern Territory Governmen Department of Infrastructure, Planning and Environment, Darwin.

Webb, McKeown and Associates, Pty Ltd (1999) Wallis Lake estuary processesstudy. Journal of Soil Research 10: 127–142.

WSAA (Water Services Association of Australia) (2003) Catchments for recreational water: sanitary inspections. Occasional Paper No. 8, WSAA, Melbourne.

附录:IEAF 评价框架中涉及的压力源及相关压力、影响和状态指标

内容

- IEAF 评价框架中各种压力源的相关说明;
- 各种压力源导致的压力、影响和状态指标;
- 指标评分与分类。

这些附录主要帮助研究人员在利用 IEAF 框架评价河口现状时,对指标的选取和对压力的识别。

IEAF 评价框架中的压力源

附件中压力源与前文第 3 章内容是一致的。

这些压力源在表 A1 中进行了再次总结并贯穿整个附件。

表 A1 河口区各种压力源(仅限本报告)

压力因子	来源
污染物	
有机质	屠宰场排放
细颗粒泥沙	城市发展
酸性地表径流	酸性土壤流失
营养盐	各类污水排放
重金属	采矿废水排放
农药类有机物	农业生产
油	码头货运
致病微生物	城市污水排放
垃圾	城市化快速发展
河口区栖息地消失或扰动	红树林消失

续表

压力因子	来源
生物消失/灭绝	垂钓、围网捕捞
淡水注入变化	因修建大坝导致流速减小
河口区水动力条件改变	河口区疏浚
物种变化	甲藻成为优势种
海岸线变化	城市化发展

A.1 有机质污染

A.1.1 背景信息

有机质是来源于生物如植物、动物和微生物的任何物质。有机质主要通过两个途径进入水环境：外源（如地表径流和点源排放）或内源（如植物光合作用）。但无论是哪种来源，有机质均是维持水生食物网运转的主要驱动力。有生命的有机质可以被次级生产者直接利用，而无生命有机质主要是细菌代谢产物，这些产物可被进一步利用促进再生产。

细菌的正常生理代谢需要氧气参与，因此有机质被细菌代谢也同样需要一定的氧气条件。在正常条件下，这种代谢活动对氧的需求很低，并且对整个代谢系统的影响也非常小。然而，如果大量有机质瞬时进入这个代谢系统，系统中细菌活性就会显著增加，同样对氧的需求也就会增大。当耗氧量达到最高点时系统中的氧气含量就会降至极低的水平，这反过来导致系统中各种生物因缺氧而死亡。因此，有机质降解过程中耗氧量增加进而影响系统中溶解氧水平，这是本文考虑的主要环境胁迫因子。

细菌降解不同有机质的速率各不相同。有些有机质被降解的非常快，从而在短期内造成大的需氧量，进而导致氧气含量迅速降至一个较低的水平。而有些有机质（如纤维素）的降解速度非常缓慢，因此代谢过程对氧气含量的影响很小。

■ 有机质的主要来源

➢ 点源：河口区周边的污水处理厂、屠宰场和糖厂排放的废水。这些排放源排放的废水是一个连续过程，其中有机质代谢对氧的需求也是一个稳定的过

程;

> 流域源:来源于流域的有机质主要是在降雨期尤其暴雨期会大量排入河口区。即流域内降雨过后,会导致河口区在短时间内承受高污染负荷,反过来会导致溶解氧在短期内被大量消耗。

> 内源:过量的营养盐进入河口区将会导致藻类和大型水生植物过量繁殖。过量水生植物会产生大量有机质,有机质降解又会消耗大量溶解氧,导致水环境中溶解氧含量明显较低。

■ 现象

水环境中存在过量有机质的主要特征就是溶解氧水平较低。低溶解氧往往导致水生生物——通常是鱼类和甲壳类——死亡。

A.1.2 压力指标和赋值

水环境中有机质的需氧量通常以5日生化耗氧量表示(BOD_5),即测定5日内细菌消耗氧气总量。

评价每天外源有机质进入河口区的负荷,通常选择 BOD_5 作为压力指标:

BOD_5 负荷(mg/d)= 入水的 BOD_5/流量(mg/L)×入水体积(L)/d。

在此基础上,结合河口区体积或者河段将该公式进行标准化:

区域 BOD_5 负荷(mg/m²/d)= 入水的 BOD_5/流量(mg/L)×入水体积(L)/河口区面积/d。

由于排入河口区的水量和水质相对稳定,因此利用 BOD_5 评价排入河口区的污染负荷是一个非常直接有效的方法,因而有必要测定流域地表径流的 BOD_5。这就要求在降雨时以一定的时间间隔同时测定汇入河口区的水流速和水质 BOD_5。一种替代直接测定的方法就是根据该区域的历史资料,确定一系列的系数来求得排入河口区的有机质负荷。这些系数可以用于评估单位面积尤其是陆地单位面积输入河口区的 BOD_5 负荷。然而,这种通过参数方法评估有机负荷结果的准确度较差,因此采用直接测定的方法获得 BOD_5 负荷仍是最准确的方法。

在计算区域负荷时,需要考虑河口区面积及混合区面积。对于点源,废水排放24 h内所影响的区域是受影响最严重的区域,这个区域面积可以通过混合模型或简单的近似方法算出。通过这个面积对 BOD_5 负荷进行标准化,进而可以确定单位面积的有机负荷。但需要注意的是,在潮汐河口,混合区面积包括污水来源的上游和所能达到下游的全部区域。而对于流域径流输入的有机负荷,就需要考虑受淡水注入影响的整个河口区范围。这个范围受到雨量和径流大小的影响,因此每次降雨会有不同的影响范围,这就需要针对每次降雨来计算每次的影响范围。

表 A2 给出了根据 BOD_5 负荷分类评价方法。

表 A2 BOD_5 作为表征有机质污染指标的赋值和指标值

压力源:有机质污染

压力指标:BOD_5 负荷

赋值	指标值/$(g \cdot m^{-3} \cdot d^{-1})$($BOD_5$)
1	< 0.2
2	>0.2 并且<0.5
3	>0.5 并且<2.0
4	>2.0 并且<5.0
5	>5.0

A.1.3 影响指标和赋值

系统对有机质污染负荷的影响主要与冲刷速率、深度和垂直混合速率有关。尽管河口区入口处的条件非常重要,但是冲刷强度更多的是取决于潮汐范围即潮差。在潮汐小的河口区,小范围内有机质浓度非常高,对河口区的影响就会非常明显。而较慢的交换速率也限制了水环境中氧气的交换速率,导致水体中氧气浓度水平很低。另外,潮汐小的河口上下垂直混合速率较慢,降低了水体上下交换速率,也会导致水中氧浓度降低。

对于浅水型河口区,在自然条件下氧气很容易从表层溶入下层水体,因此这种河口区环境不易受到外界影响。相反,深水型河口区尤其是垂直交换能力差的河口区深水层的溶解氧水平非常低,甚至在局部区域会形成厌氧条件,如果存在温度或盐都分层,那么形成这种低氧区的速度还会加快。

表 A3 冲刷率作为表征有机质污染指标的赋值和指标值

压力源:有机质污染

影响指标:冲刷率

赋值	指标值
1	冲刷强度较强—潮差大于 2 m 并且接近于河口区起始位置;大潮河口
2	
3	冲刷强度中等—潮差大于 2 m;潮汐活动较强烈;非河口区上游位置
4	
5	冲刷强度较弱—大潮河口;沿海潟湖河口区或河口区上游

A.1.4 状态指标和赋值

此处推荐的指标是溶解氧(DO)—通常以氧的饱和率表示。当点源是主要污染源时,可以在任何时候测定 DO。监测点位将根据有机质影响的范围确定,这就需要进行事先调查研究才能确定。对于水交换能力较差的河口区,需要测定不同深度的 DO;对于具有较高生产力的河口区,通常在一大早开始测定,因为那个时间 DO 通常最低。

当流域面源是主要污染源时,就需要在降雨发生后每天都要测定。一般降雨过后大量消耗氧是一个短期过程,但是其影响却很大。因此,在地表径流汇入河口区后,及时准确判断溶氧最低值的发生时间是非常重要的。发生时间通常是主要地表径流汇入停止数天或者数星期后。当然,溶解氧最低值发生的确切时间取决于河口区大小和地表径流量。

表 A4 溶解氧作为表征有机质污染指标的赋值和指标值

压力源:有机质污染

状态指标:溶解氧

赋值	指标值
1	任何时间 DO > 70%
2	任何时间 DO > 50%
3	DO 低于 50%饱和率时间超过了 24 h
4	DO 低于 35%饱和率时间超过了 24 h
5	DO 低于 20%饱和率时间超过了 24 h

A.2 泥沙污染

A.2.1 背景信息

细颗粒泥沙是指直径小于 63 μm 的泥沙固体颗粒,它们进入河口同陆地的自然侵蚀过程相关联。泥沙输入河口区后,或沉积在低扰动区域(如红树林)形成泥滩,或通过潮汐平流沉积在近岸海区。

人类活动(主要是植被破坏)形成的地表径流导致输入河口区淤积的泥沙急剧增加,这种泥沙增加导致河口区和近岸海区变得浑浊不清。影响包括:

- 水体浊度增加,水体可利用光减弱,影响河口区海草分布;
- 导致河口区生物窒息死亡;
- 河口区河道改道;
- 水深改变。

在过去的几百年里,有证据表明昆士兰部分河口区的海草组成和分布发生了明显改变,这被认为与泥沙输入导致河口区浊度增加有关。

另外,河道疏浚、改变河口区的水文水动力学条件和洗船等人类活动也对河口区浊度产生影响,并且也会影响河口区泥沙淤积和分布。在流域范围内存在的蓄水拦截库也会拦截部分泥沙,减少输入河口的泥沙量。然而,随着淡水输入的减少,对河口的冲刷能力减弱,导致河口尤其是河口上游区的盐度升高。

潮汐交换速率能够在一定程度上改变这些影响:较高的潮汐交换速率伴随着较强的冲刷能力,进而减少泥沙在河口区的淤积量。在自然条件下,不同类型河口区的浊度也明显不同。在大型河口区,较强的潮汐交换速度和较强的水动力冲刷进而导致浊度变化较大。相反,近海岸区域的潮汐流较小,浊度也较小。

- 河口区泥沙的主要来源
  - 流域地表发生变化(城市和农村);
  - 上游植被破坏;
  - 点源发生改变(如洗沙、污水处理厂等);
  - 泥沙输入减少(如蓄水流域);
  - 河口海岸带侵蚀(如因洗船或其他人为干扰活动)。
- 影响
  - 水浊度增加,光穿透力减弱;

附录:IEAF 评价框架中涉及的压力源及相关压力、影响和状态指标

> 水深改变;
> 因缺氧或可利用性光削弱等原因导致底层植物(如海草)死亡;
> 泥沙颗粒大小改变(泥或沙质);
> 侵蚀或泥沙沉积模式改变;
> 因缺氧或泥沙悬浮导致底栖动物减少。

A.2.2 压力指标和赋值

河口泥沙输入的 3 个主要来源:

■ 流域面源输入;
■ 河口面源输入(河口侵蚀);
■ 点源输入。

在这 3 个主要来源中,尽管河口侵蚀在当地可能非常明显,但流域输入的泥沙仍是主要来源。

可以利用多种方法计算输入泥沙的总负荷。一般来说,直接测定是确定泥沙输入负荷的最好方式。如果不能直接测定,也可以借助模型来预测泥沙的输入负荷,但在缺少足够信息去构建预测模型的条件下,通过压力指标计算输入负荷也是一个间接的方法。下面就根据压力指标的优先顺序列出了可以采用的各项压力指标(以及对数据要求的复杂性)。

总负荷(测定)

直接测定泥沙总输入量包括测定点源输入量和地表径流输入量。在大多数情况下,地表径流输入量要比点源输入量大得多。在大多数地区,点源输入量需要取得排放许可证,而许可条件就涉及设置允许排放的最大输沙量,并且对取得排放许可证的真实排放量进行定期监测。这些数据信息可以从发放排放许可证的官方机构或者直接从排放许可证上获得。需要注意的是,点源排放也包括洗沙过程中回排的泥沙量(如砾石清洗过程向河道回排的泥沙量)。

对于流域面源输入的泥沙量,一般很难通过直接测定或通过模型获取,但是可以通过泥沙沉降器测定。流域范围内泥沙总输入量也可以通过自动采样器测定,但这个需要根据流速进行校正。与地表径流相比,河口泛洪区输入的泥沙量更加难以计算。

总负荷(模型)

当泥沙输入量不能直接测定时,借助流域内土地利用和土壤等信息利用模型如 SedNet(www.toolkit.net.au/sednet)就可以预测输入的泥沙量。计算方程

如修订后的土壤流失方程(RUSLE)可以根据当前土地利用状况判断土壤侵蚀率。

RUSLE 计算土壤年流失量($t \cdot hm^{-2} \cdot a^{-1}$):

土壤年流失量 = $R×K×L×S×C×P$

其中,R:降雨侵蚀因子;K:土壤侵蚀因子;L:坡面长度系数;S:坡面坡度系数;C:地表覆盖系数;P:土地利用系数(经验值)。

表 A5 泥沙输入量作为表征泥沙污染指标的赋值与指标值

压力源:泥沙污染

压力指标 1:泥沙输入量

赋值	指标值/(kg(泥沙)$\cdot a^{-1} \cdot m^{-3}$(河口体积))
1	<5
2	
3	5~10
4	
5	>10

* 数值来源于 Webb et al. (1999),但单位进行了转换。

■ 间接指标

表征泥沙输入负荷的间接指标包括

➢ 流域内土地利用率(%);

➢ 海岸线侵蚀长度

◆ 土地利用百分比

当无法得到有关泥沙输入的相关数据时,就可以用流域内土地利用百分比来替代。这是基于一个假设:人类活动导致土壤裸露程度增加,这会加速地表侵蚀进程。土地利用百分比可通过地表覆盖图和地理信息系统(GIS)获得。昆士兰河口上游流域植被覆盖情况可在联邦农业、渔业和林业部门负责管理的在线地图上查到并下载(DAFF 2006)。植被覆盖率可通过植被面积占流域面积百分比求得。另外,土地利用率也可以通过地形图获得。

◆ 侵蚀海岸线长度占总岸线长度的比例

侵蚀岸线长度可以通过从空中拍摄的照片并结合河口堤岸调查确定。

表 A6 土地利用率作为表征泥沙污染指标的赋值和指标值

压力源:泥沙污染

压力指标 2:土地利用率

赋值	指标值(土地利用率/%)
1	<30
2	30~49
3	50~65
4	66~80
5	>80

注:土地利用是指除了水域面积、自然保护区、采矿活动和林业生产外的所有土地利用形式,如耕作、放牧、园艺、工业和城市开发等。其中,放牧是处于两者之间的利用形式,即低强度放牧对地表植被影响较小,这时放牧就属于非土地利用;而高强度放牧就会导致地表植被大量消失,这时放牧就属于土地利用,因此,这就需要在流域层面进行具体评估、确定.

A.2.3 影响指标和赋值

细颗粒泥沙输入增加将对河口区水质清澈度产生一定的影响。正常来讲,河口区水质浊度的变动主要取决于以下两个方面:

■ 潮差:较大的潮差一般会伴随着较高的潮汐速度,这就导致细颗粒泥沙能够长时间悬浮在潮流中,从而导致水体浊度增大。

■ 河口长度:与短河口区相比,长河口区的冲刷速度会明显变慢,细颗粒泥沙就会在水体中存留较长时间。

由上可以看出,在长的、大潮型河口区水体浊度的自然变动幅度较大,而海岸带淡水湖浊度的自然变动幅度较小。如果河口区泥沙输入增加,那么对浊度较大河口区水环境的影响会非常小,而对浊度较小(即清澈度较高)河口区的影响将会非常大。同样,对河口区生物的影响也是一样。因此,主要是根据潮差和感潮河段评价对河口区的影响。

潮差是河口区高潮平均水位和最低潮平均水位之间的落差,这个数据通常在运输部门可以找到。感潮河段通常是根据潮汐流经验值得出的河口区长度。在那些不受人为干涉河流形成的河口区,感潮河段会受到潮汐类型和降水量的影响,因此通常取它们的平均值用于获取感潮河段范围。然而在大多数情况下,国家相关水资源部门可能会根据管理目的定义感潮河段范围。

根据潮差(平均春潮)可分为：
- <1 超小潮
- 1~2 小潮
- 2~4 中潮
- 4~6 大潮
- >6 超大潮

表 A7 是一个包括潮差和感潮河段的两维矩阵。表中的数值代表了影响指标的分值。

表 A7　潮差和感潮河段赋值矩阵，分值代表河口区受泥沙影响程度

压力源：泥沙颗粒物

影响指标：潮差和感潮河段

感潮河段/km	春潮范围(平均值)				
	>6	4~6	2~4	1~2	<1
>75	1	3	4	5	5
26~75	1	2	2	4	5
10~25	1	2	2	3	4
<10	1	1	1	2	3

A.2.4　状态指标和赋值

- 浊度(或塞氏盘深度、或悬浮固体)

这个指标主要用于评价悬浮颗粒物总量，同时也可以用于估计水体的透光能力。悬浮固体可以通过直接测定悬浮颗粒物获得，透明度是反映水体透光能力的指标，而浊度是反映这两项的综合指标。这些指标可以派生相互之间的关系，但往往是针对于特定指标之间转换。一般来说，除非悬浮固体总量需要准确定量，浊度与透明度或者两者同时使用都可以用于反映水体悬浮物总量。

浊度是通过测定水体光散射反映水体中颗粒物含量(除了泥沙，还包括藻类、有机质等颗粒物)。浊度通常使用浊度计测定，测定时要在现场测定并需要测定不同深度的浊度。而测定的频率取决于当地实际条件：对于潮汐系统，浊度在潮汐单循环过程中的变化非常大；然而在近岸和海洋系统，风速可能是影响浊度的主要因素。透明度是测定水体的清澈度，通常使用塞氏盘测定(澳大利亚标准 AS 3550.7-1993)。总悬浮颗粒物是测定单位水体积中总颗粒物总量,测定一般是在实验室内完成。

由于浊度的自然变动会受到潮差和感潮河段范围的影响,因此也就不可能为所有的河口提供同一套评分标准。表A8给出了潮汐范围小于1 m、感潮河段不大于25 km的浊度评分值。对于那些大潮河口区尤其感潮河段大于25 km的超大潮河口区,需要进行单独具体分析。

表 A8 浊度作为表征泥沙污染指标的赋值和指标值

压力源:泥沙污染

影响指标1:浊度

赋值	指标值(浊度单位:NTU)
1	<5
2	5~10
3	11~20
4	21~40
5	>40

■ 海洋植物分布范围

海洋植物分布范围是指河口区主要优势植物在浅水区和深水区之间的分布范围,通常是自然分布,并且会受到光可利用性的限制。另外,季节性变动也需要考虑在内。

这个参数主要取决于河口区条件(详见生态健康监测项目技术报告 MB-WCP 2006)。

■ 光赖型或固着型生物损失

固着型生物很可能因泥沙的过量淤积而窒息死亡。生物种类(如珊瑚)主要取决于区域可利用光的强度,并且可能受泥沙增多导致水清澈度的降低而影响植物的生长。这些植物种群丰度或分布改变可用于指示泥沙对水环境的影响。

评分分类可分为:

➢ 光赖型或无柄植物;
➢ 少依赖光型或无柄植物;
➢ 无赖光型或无柄植物,尽管具备其他合适条件。

表 A9　光依赖型植物用于表征泥沙污染指标的赋值和指标值

压力源:泥沙污染
影响指标2:是否存在光赖型植物

赋值	指标值(浊度单位:NTU)
1	光依赖型植物丰度高并且分布均匀
2	
3	光依赖型植物少并且呈块状分布
4	
5	光依赖型植物缺乏,尽管其他条件较好

A.3　酸性径流污染

A.3.1　背景信息

酸性径流是指由于环境中的硫化物被氧化后,在水存在的条件下转化成硫酸进而形成酸性地表径流。在自然条件下,地层中具有富含硫化物的岩石和土壤处于厌氧状态。然而,这些富含硫化物的矿藏随着矿产开发、富含硫化物的土壤(ASS)随着农业生产或工程施工(疏浚河道)过程充分被氧化而酸化。到目前为止,因海岸带冲击平原内富含硫化物的土壤过度开发而酸化是导致河口区酸化的主要原因。

酸性地表径流对河口环境的主要影响是导致水体pH值降低,但是也能够迁移重金属从而对河口区生物产生额外的毒性。由于海水具有较高的缓冲能力,少量的酸性地表径流不会对河口区水质产生明显影响。然而,大量酸性地表径流汇入将会导致河口区鱼类和底栖生物死亡。

A.3.2　压力指标和赋值

酸性地表径流经常发生在暴雨季节,因此理想的压力指标是测定汇入河口区酸性地表径流的酸负荷。尽管这类资料很难收集,但随着原位pH计的开发使用为时刻测定径流输入的酸性负荷提供了可行性。因此,pH值结合流速就可以作为评判酸性径流的有效指标,以用于分析河口区酸性径流的输入负荷。另外,压力系统还可以用流域特征进行估算,并建议仅使用5个分类(见表A10)中的3个。

附录：IEAF评价框架中涉及的压力源及相关压力、影响和状态指标

表 A10 酸性土壤作为表征酸性径流污染指标的赋值和指标值

压力源：酸性径流污染
压力指标：存在酸性土壤和受干扰程度

赋值	指标值（存在酸性土壤或受到干扰）
1	不存在酸性土壤，或者即使存在但不受任何干扰
2	
3	存在酸性土壤，但受到较少干扰（如疏浚河道）
4	
5	酸性土壤广泛存在，并且受到大规模干扰（如农业生产）

A.3.3 影响指标和评分值

酸性地表径流对河口的影响主要与河口大小和冲刷率有关（表 A11）。

表 A11 冲刷率作为表征酸性地表径流污染指标的赋值与指标值

压力源：酸性地表径流污染
影响指标：冲刷率

赋值	指标值
1	冲刷率强，入口区没有任何障碍
2	
3	冲刷率中等，或相对地表径流量冲刷强度较弱
4	
5	冲刷率较小，沿海和河口潮差小于 1 m

A.3.4 状态指标和赋值

评价河口区酸性污染的首选指标为 pH 值。然而需要注意的是，考虑到地表径流持续时间相对较短，因此需要在降雨过后的一段时间内高频率测定水体 pH 值变化。理想上，可以用 pH 计在线测定 pH 值，记录 pH 值的时刻变化。当然，也可以用手持式 pH 计在现场以一定的时间间隔进行测定。需要强调的是，即使水体 pH 值变化时间非常短，对水生生物也是致命的。因此，在几小时内维持的最低 pH 值也可以作为评价酸性地表径流污染的指标。

表 A12　pH 值作为表征酸性地表径流污染指标的赋值与指标值

压力源：酸性地表径流污染
状态指标：pH 值

赋值	指标值 （在降雨过后，随着地表径流的输入水体 pH 值 维持稳定所持续的时间）
1	>7.0
2	6.1~7.0（至少需持续几个小时）
3	5.1~6.0（至少需持续几个小时）
4	4.1~5.0（至少需持续几个小时）
5	<4.0（至少需持续几个小时）

A.4　营养盐污染

A.4.1　背景信息

氮、磷是植物生长所必需的营养元素。营养盐主要来源于点源排放（尤其是污水处理厂）、城市以及农村的地表径流。在流域范围内，裸露的土地会比植被覆盖的土地流失更多的营养盐，输入的营养盐也就越多，对河口区的影响也就越明显，如发生富营养化、水华（或赤潮）暴发或大型水生植物的过度生长，可能会因植物死亡后腐烂而形成缺氧环境，继而导致河口区鱼类和底栖生物死亡。

A.4.2　压力指标和赋值

评价营养盐污染最直接的指标就是输入负荷，可以通过直接测定营养盐的输入浓度和水量来计算输入负荷。一般来说，大多数营养盐会随着流域降雨时汇集输入河口区，因此需要在降雨过后连续几天高频率采样测定输入负荷，这个过程需要大量的监测设备、人力资源与相关采样经验。当然，也可以通过相关模型如 SedNet（CSIRO，2002）计算出流域营养盐的输入负荷，尽管通过模型方法获得的输入负荷精确度不够，但是其方法相对简单且费用较低。对于点源排放的营养盐，由于排放的流速和营养盐的浓度通常是相对恒定的，这就可以通过直接测定获得点源排放的营养盐负荷。

营养盐输入负荷通常以年负荷表示,然而由于流域地表径流更多是在降雨时期,以年做单位评价地表径流输入负荷的结果变动非常大,因此有研究建议以周输入负荷为单位。这就意味着对于流域而言,一年中的绝大多数时间营养盐的输入负荷接近于零,而有 2~3 周时间的输入负荷将会非常高,因此只需对负荷输入较大的几周给予重点关注就可以了。营养盐的点源输入在全年里都是相对稳定的,因此以周为单位能够更好地比较点源和非点源之间营养盐输入负荷的差异。

一个给定的营养盐负荷对于小河口的影响明显大于对大河口的影响,为了能够客观评价营养盐输入对河口的影响,首先需要根据河口面积对营养盐的输入负荷进行标准化处理,然后才能进行统一比较。

提出的营养负荷赋值类别见表 A13(磷)和表 A14(氮)。

表 A13　总磷为表征营养盐污染指标的赋值与指标值

压力源:营养盐污染

压力指标 1:总磷负荷

赋值	指标值/($kg \cdot hm^{-2} \cdot a^{-1}$)(以磷计)
1	0~0.6
2	0.7~1.1
3	1.2~1.65
4	1.66~2.2
5	>2.2

表 A14　总氮作为表征营养盐污染指标的赋值与指标值

压力源:营养盐污染

压力指标 2:总氮负荷

赋值	指标值/($kg \cdot hm^{-2} \cdot a^{-1}$)(以氮计)
1	0~5.5
2	5.6~11
3	11.1~16.5
4	16.6~22
5	>22

A.4.3 影响指标和赋值

评价河口营养盐输入负荷的影响指标有冲刷率和稀释效率(降雨地表径流量占河口水体积的百分比)。

■ 冲刷率

河口冲刷率是影响河口营养盐负荷最重要的影响因子。大型河口利用自身较大的容积会很快稀释输入的营养盐负荷,而沿岸或小型河口对输入营养盐的稀释就会很慢。对于河口某一特定区域的冲刷时间,通常是指输入的营养盐浓度降低至 $1/e$ 所需要的时间(e 是自然对数的底)。之所以这样定义,主要是因为冲刷或稀释输入的营养盐是一个渐进的过程,理论上需要无限长的时间,但这没有实际价值,因此大多数情况下就采用了这个默认值。

营养盐浓度达到 $1/e$ 所需的时间(如冲刷时间)可以通过相关水动力模型计算获得。如果没有合适的水动力模型,在特定情况下就需要采用冲刷率来替代冲刷时间。对那些输入量很小的河口,降雨过后盐度达到再平衡(可作为一项指示值)所需时间即完全消除淡水注入对河口影响所需时间可用于估求冲刷率。对于那些输入流量较大的河口,消除淡水影响所需时间是计算冲刷时间所需要的最重要因子。

提出的冲刷率赋值类别见表 A15。

表 A15 冲刷率作为表征营养盐污染指标的赋值与指标值

压力源:营养盐污染
影响指标 1:冲刷率

赋值	指标值(冲刷率/d)
1	0~10
2	11~20
3	21~30
4	31~40
5	>40

■ 稀释效率(输入量/河口水体体积)

对于强降雨形成的地表径流,河口区最小的稀释率也会有最大的稀释能力,即输入的淡水对河口的影响也非常小(表 A16)。

表A16 稀释效率作为表征营养盐污染指标的赋值与指标值

压力源:营养盐污染
影响指标2:稀释效率

赋值	指标值(输入量/河口水体体积)
1	0~20
2	21~45
3	46~79
4	80~230
5	>230

A.4.4 状态指标和赋值

■ 叶绿素a

叶绿素a的浓度是指示水体中藻类生物量的重要指标。所有藻类都含有叶绿素a,因此如果叶绿素a含量上升,就说明水体中藻类的生物量增加,同时反映水体中营养盐含量增加(表A17)。

表A17 叶绿素a作为表征营养盐污染指标的赋值与指标值

压力源:营养盐污染
状态指标1:叶绿素a

赋值	指标值/($\mu g \cdot L^{-1}$)(叶绿素a)
1	0~3
2	4~6
3	7~9
4	10~12
5	>12

■ 大型藻类覆盖率

这里的藻类是指丝状藻,丝状藻通常分布在河口浅水区,在营养盐充足的条件下,丝状藻生长速度很快,因此丝状藻的生长速度能够反映水环境营养盐的负荷状况。

丝状藻生物量或覆盖率(对于水深小于2 m的泥滩的丝状藻覆盖率,以百分比计)通常在实地观察后得出估计值(表 A18)。

表 A18 丝状藻覆盖率作为表征营养盐污染指标的赋值与指标值

压力源:营养盐污染

状态指标2:丝状藻覆盖率

赋值	指标值(水深小于2 m 河口区丝状藻覆盖率/%)
1	0 ~ 2
2	3 ~ 10
3	11 ~ 20
4	21 ~ 30
5	>30

A.5 重金属污染

A.5.1 背景信息

　　重金属、金属和金属有机化合物在日常生产生活中被广泛使用,常通过点源(工业废水或污水处理厂)或随地表径流被排入河口区,其中,点源排放通常是需要取得排放许可证才能按规定排放。与农村地表径流相比,城市地表径流中重金属的浓度要明显高出许多,如在大流量路段形成的地表径流中铜的浓度就会非常高,这与铜在机动车制动器衬片上广泛使用有关;而径流中高浓度的锌可能与建筑屋顶材料中普遍使用锌有关。沿海水域高浓度的重金属可能会对水生生物健康产生不利影响,如导致生物发生病害甚至死亡。更重要的是,水生生物体内较高的重金属残留还会影响到消费人群的健康。

- ■ 导致河口区较高重金属水平的主要原因有
- ➢ 点源:工业废水排放、污水处理厂排放、有毒物质或废水倾倒;
- ➢ 面源:地表径流(农村和城市广泛使用含有重金属的农药)。
- ■ 重金属污染表现出的现象包括
- ➢ 重金属浓度高的水质差;
- ➢ 水生动物死亡(鱼和底栖动物);
- ➢ 水生动物(主要是鱼类)发生病害、组织坏死、突变、生长和繁殖异常、神经或呼吸功能不全;
- ➢ 水生动物或植物种群发生改变甚至消失(尤其对重金属相对敏感的物种);

> 渔业资源枯竭。

A.5.2 压力指标和赋值

评价重金属污染最直接的压力指标是输入河口的各种重金属负荷(根据测定结果)。理想条件下,通过测定所有点源的排放负荷(数据可以通过排放许可证获取)和地表径流的输入负荷(在河口起始端设置采样器),就可以得到输入河口的各种重金属负荷,而实际上这几乎是不可能实现的。

在澳大利亚,大多数城市和城镇都是沿河口分布,也就不可能去测定城市的地表径流负荷。并且,目前也没有足够的资源(人员和设备)对地表径流的重金属水平开展定期监测,因此在大多数情况下地表径流带来的重金属负荷往往是通过估算得出的。通常情况下,根据该区域相关文献报道的重金属浓度记录乘以一定系数得出流域内单位面积的重金属负荷,这些系数取决于区域的土地利用情况,对于重金属而言城市的系数应该是最大的。因此,这就可以大致求得流域内城市面源排放的重金属负荷。

对于点源,可以直接通过查询排放许可证获得点源的重金属排放负荷,而对于老旧矿区,需要查询最新的排放信息来估算重金属的排放量。

■ 输入的重金属负荷(点源+面源)

为了求得输入河口区重金属负荷,需要测定从入口到河口整个区间的重金属输入量,例如在点源排放管的末端测定点源输入负荷、在河口区起始端测定流域面源输入负荷或在输入端(如雨水管)测定其他面源输入负荷。然而,考虑到流域范围内重金属种类多样并且地质条件不同,因此不可能获得流域范围内重金属输入的准确负荷,这时就可以采用自然条件下的负荷比来表示重金属的输入负荷(表A19)。

表 A19 重金属输入负荷作为表征重金属污染指标的赋值与指标值

压力源:重金属污染
压力指标:重金属输入负荷

赋值	指标值(输入河口区的重金属负荷)
1	输入负荷接近于自然输入水平
2	
3	重金属负荷高于自然输入水平(存在城市开发但没有主要的重金属工业活动)
4	
5	重金属负荷明显高于自然输入水平(流域内有工业活动并且有重金属行业矿业开发)

A.5.3 影响

河口与不透水区(封闭区)之间的距离会对输入河口重金属的真实负荷产生影响。因此,如果使用上述指标,就应当对不透水区(封闭区)所占面积的百分比做出权重,如不透水区(封闭区)越接近河口区,则输入河口的重金属负荷就越大,反之亦然。

河口区潮汐的冲刷强度对重金属的输入负荷尤其对可溶性重金属,是一个非常重要的影响因子,并且泥沙积淤方式对重金属与泥沙结合强度的影响也需要考虑在内。然而,目前还没有关于冲刷强度与沉积率、有毒重金属浓度与影响之间关系的明确结论。

A.5.4 状态指标和赋值

■ 沉积物中的重金属水平

沉积物样品应使用 375 mL 酸化玻璃烧杯采集,采集到的样品无需加防腐剂或冷冻保存,但在样品采集后 7 d 内应完成相关分析(表 A20)。

表 A20 沉积物中重金属水平作为表征重金属污染指标的赋值与指标值

压力源:重金属污染

状态指标1:沉积物中重金属水平

赋值	指标值(沉积物中重金属水平/(mg·kg^{-1}))								
	Sb	Cd	Cr	Cu	Pb	Hg	Ni	Zn	As
1	<2	<1.5	<80	<65	<50	<0.15	<21	<200	<20
2									
3	2~25	1.5~10	80~370	65~270	50~220	0.15~1.0	21~52	200~410	20~70
4									
5	>25	>10	>370	>270	>220	>1.0	>52	>410	>70

■ 水生生物体内金属水平

不同生物物种对金属的耐受性不同,因此金属对不同水生生物的影响也不一样。这一点对贝类尤其重要,因为贝类在累积金属的同时也在不断外排一些其他金属。目前,在澳大利亚和新西兰仅有基于保护人类消费水产品安全角度的食品标准设定了水生生物体内重金属最大许可浓度指南,但还没有从保护水生生物健康角度设定的水生生物体内安全浓度指南。在一些地区,相继发布了基于相对未受影响区域生物群中重金属浓度限值的指南,这对提供生物的天然本底值奠定了一定的基础。这需要采集和分析至少3个样品或100 g样品。采样时,要使用聚乙烯袋包装并尽快冷冻保存。

以下指南只适用于人类食用的水生生物体内重金属含量要求。

■ 生物体内重金属浓度评分值(除非有特殊说明,否则以下均是平均浓度)(条件指标2)

➢ 甲壳类和鱼类体内无机砷(mg/kg)
1. <1
3. 1~2
5. >2

➢ 软体动物体内无机砷(mg/kg)
1. <0.5
3. 0.5~1
5. >1

➢ 软体动物体内镉(mg/kg)
1. <1
3. 1~2
5. >2

➢ 鱼体内铅(mg/kg)
1. <0.25
3. 0.25~0.5
5. >0.5

➢ 甲壳类、鱼、软体动物体内汞(最大值)(mg/kg)
1. <0.25
3. 0.25~0.5
5. >0.5

◆ 水体中重金属含量

采集水样时需使用250 mL酸化的塑料容器,同时需加入一定量的硝酸作防腐剂,不必冷冻保存,但需要采样后一个月之内完成分析(表A21)。

表 A21 水体中重金属水平作为表征重金属污染指标的赋值与指标值

压力源:重金属污染
状态指标3:水体中重金属水平

赋值	指标值(沉积物种重金属水平/($\mu g \cdot L^{-1}$))							
	Cd	Cr III	Cr IV	Pb	Hg	Ni	Ag	Zn
1	<0.7	<7.7	<0.14	<2.2	<0.1	<7	<0.8	<7
2	0.7~5.5	7.7~27.4	0.14~4.4	2.2~4.4	0.1~0.4	7~70	0.8~1.4	7~15
3	5.6~14	27.5~48.6	4.5~20	4.5~20	0.5~0.7	71~200	1.5~1.8	16~23
4	15~36	48.7~90.6	21~85	21~85	0.8~1.4	201~560	1.9~2.6	24~43
5	>36	>90.6	>85	>85	>1.4	>560	>2.6	>43

A.6 农药类污染

A.6.1 背景信息

农药、除草剂和杀虫剂被农村和城市地区广泛用于控制植物害虫、昆虫以及其他小型动物。农药一词是泛称,广义上是指那些所有用于毒杀植物或动物害虫的一切化学药品。在农村地区,农药常用于控制杂草和灭杀作物上的害虫。在城市,农药主要是指用于消灭住宅白蚁和害虫药品,用于控制私人和公共绿地杂草以及灭蚊药品。农药之所以引起关注主要是其对非目标生物尤其对于水生生物也会产生一定的毒害作用。农药可以通过各种途径进入水环境,如地下渗漏、地表径流、土壤侵蚀、大气传输、泄漏等。即使部分农药已经停止生产,但是他们的降解时间(半衰期)、降解产物毒性、沉积物的吸附、生物吸收以及对非目标生物的毒性等都是目前需要关注的问题。在澳大利亚的一些水生生物体内已经发现了农药残留。

- 原因:农药的主要来源包括
  - 来自农村和城市的地表径流汇入;
  - 大范围的灭杀昆虫;
  - 点源(工业废水、污水处理厂出水)。
- 现象
  - 水质较差,具有一定的毒理效应;

- 水生生物栖息地损失或被扰动；
- 水生生物(水生植物和动物)减少或被干扰,生物群落组成变化；
- 水生生物(鱼类)死亡；
- 水生生物(鱼类)病害；
- 人体健康问题(皮肤过敏、疾病等)；
- 水生动物和植物的生理性能改变；
- 水生生物资源改变。

A.6.2 压力指标和赋值

■ 输入河口区的农药负荷

农药输入负荷包括点源输入和面源输入。在大多数情况下,这两种方式的输入负荷是分别进行评估的。

点源输入负荷通常可以通过查询点源排放许可证得到。在大多数情况下,排放许可证上设定了最大排放许可浓度和排放量,因此可以通过计算得出排放负荷(通常实际排放负荷要低于计算所得负荷)。而在有些情况下,排放许可的条件是要求被许可人自行监测排放浓度。在这种情况下计算所得排放负荷就相对准确。这些排放许可信息可由相关管理机构或通过直接查询排放许可证获悉。

理论上,可以通过监测输入流量和输入浓度计算获得输入河口区农药的面源负荷,但实际上,这是非常困难的。监测注入河口区淡水输入流量(如在干流河口)需要对输入流量进行加权取值。这个过程可能就包括在潮湿天气下使用了自动采样器采样以用于后期水质分析(伴随着流量计),或者用被动采样器进行平均时间采样。尽管这种方法可以估算出 1~2 个主要输入河流的输入负荷,却不可能估算出所有输入负荷——如一个围绕河口而建城市的地表径流会通过多个入口排入河口,这时就无法估算出整个城市排放进入河口区的面源负荷。

一个可以取代直接监测的方法是根据流域范围内农药的使用量、每种农药的运输量以及农药使用地点到河口区的距离来估算面源输入负荷。尽管这是一个非常粗略的估计,在大多数情况下又是唯一可行的办法。为了估算流域范围内农药的使用量,从农药的主要销售商获取销售额是一个非常有用的信息。这种统计结果无法对流域内农药使用的空间分布和使用时间做出准确预测,并且由于区域内小型零售店也有一定的销售量从而使得统计数据不是非常准确。因此,从农药使用者处获取更多额外的信息作为补充对获取一个可靠性结果也是非常有帮助的。另外,根据土地利用资料估算农药的使用量也是一个可选的方法,但前提是已知每种农作物的农药使用量和使用频率。这些信息也可以从当地的农药销售商处获得。这个可以参照 Waugh(2004) 给出的案例。

在一些河口区,这些信息是很难获得的。因此,农药负荷是一个基于流域范围内农药使用的半定量指标因子(表 A22)。

表 A22 农药使用作为表征农药污染指标的赋值与指标值

压力源:农药污染
压力指标:流域范围内的农药使用

赋值	指标值(流域范围内农药的使用程度)
1	流域范围内较少使用
2	
3	流域范围内城市和少量农业生产使用一些农药
4	
5	流域范围内大量使用农药如存在大型浇灌种植区

■ 被动采样器富集农药

如果技术上可行,利用被动采样器在流域范围内的低水位区采样测定农药水平也是一个非常实用的方法,即通过流域地表径流直接测定输入河口区的农药负荷,预测结果的可靠性更多取决于方法的可行性。

A.6.3 影响

对于农药输入负荷指标没有相关影响说明。

A.6.4 状态指标和赋值

评价农药污染负荷最简单的方法就是测定生态系统中各个组成部分中农药的浓度水平。这种指标的优点是水体中农药水平可以和 ANZECC 给出的参考值直接比较,缺点是水环境中的实际浓度很低因此很难测定,并且水中的浓度会随时间变动。与之相反,沉积物中农药存在稳定并且浓度相对较高而容易测定,并且沉积物中的浓度值也有相应的质量标准。另外,测定水生生物体内的农药浓度的优点是可以直接得到农药在水生生物体内的残留程度和水生生物对农药的真实利用率,缺点是测得的生物体浓度值缺少参考值而无法判断污染程度。目前水生生物体内农药残留水平是基于人类食用安全制定的,这个标准对于水生态保护缺少相关性。

近年,被动采样技术得到了快速发展,其中使用的材料可以直接吸附水体中的农药,吸附量与水体中的浓度呈一定比例(达到平衡),因此根据采样器中的浓度就可以用于估算水体中的浓度。这个方法的优点是采样器中的农药浓度明显高于水体中的浓度,因此相对容易分析。更重要的是,采样器中的浓度(与沉积物和生物体内浓度相似)并不是一个孤立的样本,而是反映了水体中农药浓度水平的最近变化趋势,因此也就可以反映区域内最近的农药使用情况。

在此,推荐使用沉积物中农药水平作为指示农药污染的基本指标,并且若条件合适,应该同时测定至少一种当地重要的水生生物体内的农药残留水平。如果沉积物中农药水平非常高但水生生物还没有测定,那么测定水生生物体内的残留水平将是必需进行的下一步骤。被动采样技术还处于发展阶段,但是这种方法的费用较低并且非常实用,因此如果当地具备这些技术条件,那么利用被动采样方法测定农药残留水平也是一个非常有效的方法。

一些水生生物(包括无脊椎动物、鱼类、红树林和大型水生植物)对农药非常敏感,在暴露环境下水生生物会表现出各种不利的生物学效应(生长缓慢、较小的种群规模、较低的繁殖率等)甚至死亡。因此这些生物的存在和生长状态是指示农药污染程度的一个有效指标。然而,农药对生物的影响还与区域特征、河口类型和栖息地类型有关,因此不可能列出所有与这个指标相关的信息,而是推荐在观察到生物个体可能受到农药污染影响的区域,去进一步观察这些生物在种群水平上的变化(表A23和表A24)。

一般来讲,无论监测沉积物还是水生生物体内农药水平应在农药浓度可能处于最高值时进行,这个时期通常是在夏季,并且大多数农药是在降雨后使用,因此农药往往会随着地表径流注入河口区。

表A23 沉积物农药水平作为表征农药污染指标的赋值与指标值

压力源:农药污染

状态指标1:沉积物中的农药水平

赋值	指标值(降雨过后沉积物中的农药水平)
1	没有检测出
2	
3	检出痕量水平
4	
5	检出高浓度水平*

注:* ANZECC 2000给出了几种有机氯农药在水环境中高值判断依据,对于其他类型农药,需要根据它们对水生生物的毒性来估算检测值高低水平.

表 A24 水生生物体内农药残留水平作为表征农药污染指标的赋值与指标值

压力源:农药污染
状态指标 2:当地重要水生生物体内的农药残留水平

赋值	指标值(当地重要水生生物体内的农药残留水平)
1	没有检测出
2	
3	检出痕量水平
4	
5	检出高浓度水平*

注:* ANZECC 2000 给出了几种有机氯农药在水环境中高值判断依据,对于其他类型农药,需要根据它们对水生生物的毒性来估算检测值高低水平.

A.7 油污染

A.7.1 背景信息

油污染大多数来源于城市排污或船舶泄漏。油一般没有很强的毒性,但由于其持续排放就会使水产品的口感出现问题,目前这种情况很少出现。对于油污染,主要是漂浮的油滴影响了感官效果,大型油轮泄漏导致石油污染是特例,在此不予考虑。

A.7.2 压力指标和评分值

停泊船只泄漏通常是油污染的主要来源。因此,建议以河口区是否存在停靠船舶(数量和规格)作为油污染的压力指标(表 A25)。

表 A25 停靠船只作为表征油污染指标的赋值与指标值

压力源:油污染
压力指标:停靠的船只

赋值	指标值(停靠船只)
1	几乎没有停靠的船只
2	
3	有少量长期停靠的船只
4	
5	有大量船只停在港口或码头

A.7.3 影响

此处对影响指标没有评述。

A.7.4 状态指标和赋值

从视觉上对浮油进行定量评估是一个常用的指标。为了得到客观的评估结果,就需要到现场凭视觉对情况作出判断。如果这个方法不可行,也可以采用有关浮油的投诉频率作为评判结果。建议对此作出以下3个分类(表A26):

- 从来没有看到过浮油现象,或没有接到过有关泄油的投诉(不使用类别);
- 偶尔看到过浮油现象,或偶尔接到过有关泄油的投诉(不使用类别);
- 经常看到浮油现象,或经常接到有关泄油的投诉。

表 A26 浮油作为表征油污染指标的赋值与指标值

压力源:油污染

状态指标:浮油

赋值	指标值(浮油现象或有关泄油的投诉)
1	从来没有看到过浮油现象,或没有接到过有关泄油的投诉
2	
3	偶尔看到过浮油现象,或偶尔接到过有关泄油的投诉
4	
5	经常看到浮油现象,或经常接到有关泄油的投诉

A.8 病原微生物污染

A.8.1 背景信息

此部分信息可参考相关文件:Catchments for recreational water; sanitary inspections; Occasional Paper No. 8 (WSAA 2003)。

各指标的推荐值和分类均来源于以上文献。

A.8.2 压力指标和赋值

表A27 直接给出了风险高低的评判依据(来自WSAA (2003)文件)。

表A27 评估娱乐型水体受到粪便污染风险方法说明

来源	水平（粪链球菌）	扩散稀释的影响		时间影响	结果浓度（与监测结果比较）	初始病原菌影响	结果浓度（确定意义）	风险
		自然排放和接收情况	稀释因子					
A级污水（二级处理，无消毒）	10^5	排污口靠近海岸线和海滩	0.04	1	~4 000	1.0	~4 000	非常高
B级污水（主要用消毒处理）	10^5	通过排污口大流速排放	0.01	1	~1 000	1.0	~1 000	高
雨水A（城市雨水，没有污水溢出）	10^4	直接排放至海滩	0.20	1	~2 000	0.5	~1 000	高
雨水B（农村，没有污水影响）	10^4	在当前排放口上游500 m处直接向海滩排放	0.05	1	~500	0.1	~50	中等
游泳（每150立方米少于20人）	10^1	没有稀释；游泳范围在150 m³范围内	1.00	1	~10	1.0	~10	低
农村径流	10^3	在当前排放口下游排放	0.02	1	~2	0.1	~0.2	非常低
总计					>7 500		>6 000	非常高

注：所有数据均来自于潮湿天气情况下；表中病原菌的数值来源于各因子乘积，如 $10^5 \times 0.04 \times 1 = 4\,000$。

A.8.3 状态指标和赋值

条件指标和赋值也是直接来于 WSAA（2003）文件。表 A28 给出了风险对应的指标值（粪链球菌数）和按照 4 个条件的分类。另外，表 A28 也在测定的粪链球菌结果基础上得出的人体健康风险。

表 A28 基于对娱乐水体监测和卫生检疫结果基础上对粪便污染风险比较

		粪链球菌监测结果			
		<40	40~200	201~500	>500
		基于粪链球菌数量的风险水平			
风险	风险程度	在100个暴露人群中 GI<1；在300个暴露人群中 AFRI<1	在20个暴露人群中 GI<1；在40个暴露人群中 AFRI<1	在10个暴露人群中 GI<1；在25个暴露人群中 AFRI<1	在10个暴露人群中 GI>1；在25个暴露人群中 AFRI>1
↓	非常低	非常好	非常好	同4	同4
	低	非常好	好	一般	同4
	中等	同4	好	一般	不好
	高	同4	同4	不好	非常不好
	非常高	同4	同4	不好	非常不好
条件		→			

注：1. 按照 WHO 推荐采用 95%置信值，如果监测结果变动较大，就需要进一步阐明引起变动的原因，并采取合适的方法来评估置信值上限；
2. 分级是在基于粪链球菌尤其是对粪便污染卫生监测结果数值基础上完成，排序是基于当前可利用数据完成的；
3. AFRI：急性发热性呼吸道疾病；GI：胃肠道疾病；
4. 对于非正常结果需要采取合适方法给予解释，一般来说，除非卫生监测数据不确定或数据有限，否则对游泳或洗浴水体病原微生物的监测数据需要优先考虑使用卫生监测数据（但是不包括天气条件）。

A.9 海洋垃圾污染

A.9.1 背景信息

沿海地带的垃圾来源于沿海地区人类生活（无论直接来于地表径流或刮

风)或向海里的垃圾倾倒,直接影响人类对海洋环境的视觉欣赏。垃圾污染对当地居民的影响非常明显,他们会以此感受他们被重视的程度和对当地环境的满意程度。海洋垃圾污染导致的另外一个问题就是一些垃圾容易被海洋生物摄食,从而导致生物被垃圾缠绕、围困甚至死亡。

- ■ 主要来源
  - ➢ 沿海居民生活(沿海地区的各种娱乐活动如钓鱼、城市生活丢弃);
  - ➢ 游船与作业船只的随意丢弃。
- ■ 现象
  - ➢ 视觉美观降低;
  - ➢ 缠绕海洋动物和植物动物摄食垃圾。

A.9.2 压力指标和赋值

◆ 流域人口密度和游客量

流域范围内产生的垃圾量与该范围内居住的人口数量有直接关系。对于小范围内(200个家庭左右)的人口数量,可以通过连续5年的人口统计数据(这个数据应该)估计出来(表A29)。

表A29 流域人口密度作为表征海洋垃圾污染指标的赋值与指标值

压力源:垃圾污染
压力指标1:流域人口密度

赋值	指标值(流域人口密度,1000人/km^2)
1	<2
2	2~10
3	11~25
4	26~50
5	>50

在一些地区,常住人口数量要比旅游人口数量少很多,因此游客往往是这些地区产生垃圾的主要贡献者。一个地区的游客数量可以从统计局直接查询得到,对于相对较小的旅游区游客数量通常可以从当地旅游经营者或旅游协会查询得到。

为了便于评估,游客数量可以直接按照当地人口数量处理。因为旅游区往往要比流域范围更大,所以首先就需要确认游客数量是流域范围内的而不是旅游区范围内的。这时就可以根据游客统计数据计算得出平均每天的外来人口数量,这个数量作为临时人口数量就可以与当地常住人口数量相加得出总人口数量。由于游客数量会有季节性的变化,因此临时人口数量的统计频次要与垃圾统计频次保持一致(如每年垃圾产生量统计一次,那么就需要每年统计人口一次;如果每年垃圾产生量统计 4 次,相应的人口也需要统计 4 次)。相反,对于那些常住人口占绝大部分而游客仅仅占一小部分,那么人口就可以用常住人口代替总人口数量。

◆ 船舶活动

主要有两种类型的船舶活动会产生大量垃圾:一类是当地的船只活动,主要是小型游艇包括船坞,这些船只数量可以从交通管理部门获取;第二类是航运活动,这类能够产生大量垃圾,但往往是远离海岸带(表 A30)。

表 A30 船舶活动作为表征海洋垃圾污染指标的赋值与指标值

压力源:垃圾污染
压力指标 2:船舶活动

赋值	指标值(登记船只数量/km,海岸带)
1	<5
2	5~10
3	11~20
4	21~50
5	>50

A.9.3 影响

■ 风向和水流流向及强度

风向和水流流向以及强度在垃圾由远海向海岸带输送过程中起着主要作用。受到强烈冲刷的海岸带会定期清除一定的垃圾,然而淤积的海岸带环境就可能累积大量垃圾。雨、水流和风也可能会影响由陆地输入海岸带的垃圾量。在下雨或刮风时,垃圾很容易被汇集至排水管从而被排放到海洋里。然而,目前还没有针对此种情况的评分值依据。

A.9.4 状态指标和赋值

■ 垃圾质量和数量

基于海滩和水道中对各种垃圾的量化,已有多种方法用于评价海滩和水道中的垃圾污染现状,而垃圾分类的标准主要取决于调查目的,比如按照垃圾的来源分类(如漂浮、非漂浮)和按照垃圾的视觉影响分类(如注射器和粪便会有很强的视觉影响)。从管理角度来讲,垃圾数量和质量这两方面的信息都是非常有用的,据此可以识别出垃圾的主要来源,并对主要来源进行重点管理。

关于这类指标和评分值,建议查阅文献并采用文献中的分类方法和评分值,下面给出一些相关的文献。

■ 状态指标 1:垃圾质量和数量—指标选择和评分方法(文献)

➢ Bartram, J. & Rees, G. (eds)(2000) Monitoring bathing waters: a practical guide to the design and implementation of assessments and monitoring programs. E & FN Spon, London.

➢ Environment Agency (UK)(2002) Aesthetic assessment protocol (beach survey). R&D Technical Summary, E1-117/TR. Environment Agency, Bristol, UK.

➢ Queensland Department of Natural Resources, Mines and Water (2006) Presence/extent of litter (Indicator status: for advice). (http://www.nrm.gov.au/monitoring/indicators/estuarine/presence-oflitter.html#analysis)

➢ The US Ocean Conservancy's National Marine Debris Monitoring Program (www.oceanconservancy.org/site/PageServer?pagename=mdm_debris)

■ 垃圾导致的海洋生物死亡

一些海洋生物摄取垃圾或者被垃圾围困(尤其是塑料垃圾),这些塑料垃圾主要来源于陆地或者更多是来源于娱乐和商业捕鱼活动,如线、饵袋或网,海洋生物可能被这些塑料垃圾包围或被困在捕蟹网里面。关于围困生物的数量和死亡报告等信息可以从海洋管理部门获取,需要注意的是,死亡报告或在这里统计或在意外死亡记录里面统计,但不能重复统计。垃圾导致的生物死亡数量,更多是取决于当地条件以及对死亡生物的分类鉴定上(表 A31)。

附录:IEAF 评价框架中涉及的压力源及相关压力、影响和状态指标

表 A31 垃圾导致生物死亡作为表征海洋垃圾污染指标的赋值与指标值

压力源:垃圾污染
状态指标 2:垃圾导致的生物死亡

赋值	指标值(垃圾导致生物死亡占总死亡量的百分比)
1	<2%
2	2%~5%
3	6%~10%
4	11%~20%
5	>20%

A.10 栖息地消失或受干扰

A.10.1 背景信息

这个压力包括两方面:一是河口和海岸带的生物栖息地直接消失;二是人类活动干扰和破坏生物栖息地。其中,导致生物栖息地消失的原因有多方面,包括工程建设、海滨发展、海洋设施建设、水产养殖和城市发展等,当然可能还有其他原因。而干扰和破坏栖息地的活动包括船锚固定场所建设、车船运输频繁导致海岸带破坏(导致底层土壤松动)、石油泄漏、沉积物导致缺氧、遮光等。当然,一些自然灾害也可能会导致栖息地受到破坏,如暴风暴雨等,这些不在此处考虑范围之内。栖息地受到破坏后会导致海水侵蚀、泥沙淤积、水质恶化(尤其引起浊度升高)、物种消失以及降低视觉美观效果。

根据 Scheltinga 等(2004)对栖息地分类方式,主要包括以下类型:

■ 栖息地类型
➢ 海岸带冲击平原
➢ 盐场
➢ 盐沼
➢ 红树林
➢ 海草
➢ 潮间带泥沙滩
➢ 潮下带泥沙滩

- 岩石礁
- 珊瑚礁
- 海滩和沙丘
- 峭壁、悬崖
- 某一特定海域

■ 引起栖息地扰动的主要原因包括：
- 人为破坏（如房地产开发、工程建筑、滩涂开发、修建道路和桥梁、海上生产设施和基础设施建设、水产养殖或城市化进程）；
- 洗船或滩涂车辆活动导致滩涂或堤岸受到侵蚀；
- 清淤挖掘作业（砂石开采）和拖网捕鱼；
- 自然排水道的改变。

■ 栖息地受到扰动的现象包括：
- 栖息地范围或植被覆盖率减少，如湿地、河口滨岸带或沙丘、滩涂
- 海滩和海滩沉积物的侵蚀和堆积
- 生物群落组成改变或物种消失（尤其是沿海鸟类和海产品品种）
- 水质恶化：往往会伴随着栖息地消失和水质浊度升高
- 视觉景观效果降低。

A.10.2 压力指标、状态指标和赋值

■ 栖息地丧失百分比

对于这个特殊的压力源，压力指标和条件指标之间没有明确差异，因此在此给予一并考虑。一般来讲，这种压力是基于栖息地范围丧失或受到干扰来描述的，因此推荐的指标是受到影响或扰动的栖息地范围占栖息地初始范围的百分比。如果初始范围未知，那么就需要采用一个最合理的范围来替代。栖息地丧失还与上面所列的栖息地类型有关。因此，如果可能，就要将栖息地丧失的数据根据栖息地类型进行分类统计，从而得出某一特定河口和沿海栖息地损失情况（表A32）。

在大多数情况下，栖息地范围的信息可以通过遥感或者航拍并结合一些地面实况调查获知。当然，国家政府部门如国家林业局和渔业局也可能会有这些材料。另外，这些可用信息可能是非常有限的，并且可能不会经常或定期更新，或是精确度很低。然而，随着遥感技术应用的普及，这些都将不再是主要问题，当然也可能由于历史原因仍有一些遗留问题。

表 A32　栖息地丧失百分比作为表征栖息地丧失指标的赋值与指标值

压力源:栖息地丧失或受到扰动

压力/状态指标:栖息地丧失百分比

赋值	指标值(栖息地丧失百分比)
1	<5%
2	6%~10%
3	11%~25%
4	26%~50%
5	>50%

A.11　生物消失(灭绝)

A.11.1　背景信息

这个包括商业和休闲娱乐采捕、饵料诱捕和水族馆诱捕等导致的鱼类数量减少或消失。一般来说,这些渔业活动都会捕走较大的个体,毫无疑问,较大个体减少会对整个生物种群造成明显影响甚至成为一个主要的压力因子。通过临时禁止渔业活动来提高种群中大型个体的生物量是一个有效的措施(Pillans et al., 2005)。

关于捕捞量的信息可以从沿海专业渔民那里了解一些情况。另外,由于有些业余渔民捕获的大型鱼类数量也不可忽视,因此还可以从这些业余渔民那里补充一些信息。但需要明确的是所获的渔业捕获量往往不仅仅局限于某一河口的渔业捕获量,例如在昆士兰地区,专业渔业捕获量的评估是基于对区域网格划分基础上计算的,而不是对单独每个河口和海岸带的评估。

A.11.2　压力指标

目标物种的压力可以根据捕捞量来估算。然而,如上文所述,获得的渔获量可能并不是非常准确甚至有些时候是没有可用的统计数据。这时就需要统计某一区域专业渔民(拥有捕捞证)和业余渔民的数量,这些信息往往是比较容易收集到的。同时需要将所得信息根据河口规模进行标准化处理以便使所得数据具有可比性。

■ 目标物种捕获

可以根据河口区单位面积(每平方米)每年捕获目标物种的数量来估算整个河口区目标物种的捕获量。因此,获取的渔业量首先就要根据河口规模进行标准化或归一化才能在不同河口之间进行比较。由于这些信息需要针对每个目标物种进行统计分析和比较,因此在此没有通用评分值用于评估这个指标。

■ 专业渔民数量

统计每千米海岸线专业渔民(拥有捕捞证)的数量。统计持有捕捞证渔民的数量是相对容易的,但是在河口区开展捕捞作业的人数时刻发生变化,因而不可能准确统计。这时就可以通过一些专业的评估方法测算作业人数。在此没有可用的评分值用于评估这个指标。

■ 业余渔民数量

统计每千米海岸线业余渔民的数量。相对于统计专业渔民数量,统计业余渔民数量是非常困难的,但可以采用一些统计方法估算业余渔民数量。在此还没有可用的评分值用于评估这个指标。

A.11.3 影响

目标物种所受的影响取决于物种的繁殖率和生长率与年捕获量的关系。然而,考虑到该参数的复杂性,在此不推荐此指标。

A.11.4 状态指标和赋值

当前条件指标可以通过直接比较目标物种的种群规模和分布范围与起始时的变化进行评估。然而,这种直接比较的方法所需要的信息往往很难得到,因此就要利用间接方法进行比较。在大多数情况下,往往只能用半定量方法来评估。目标物种的数量对于条件指标也是非常重要的,即目标物种的数量越多,它对河口的影响也就越大。因此,这时可以通过一个双线表评估这个指标条件,而双线表的两个轴分别代表目标物种的数量和目标物种种群的近似状态。目标物种数量应包括捕获到的所有生物量较大的物种。需要注意的是,把那些当前捕获量少、但过去一段时间捕获量大的物种也要统计进来。这需要对每一物种的条件指标进行评估。物种条件指标主要分成三大类:

- ◆ 自然水平下的物种;
- ◆ 有一定的捕捞量但能够保持一定数量的物种;
- ◆ 过度捕捞并引起生物量减少的物种。

一般来说,需要在当地渔业专家的指导下完成渔业条件指标评估,并且需要对专业渔民和业余渔民分别评估(表A33)。

表A33 目标生物条件和数量作为表征生物消失或灭绝指标的赋值与指标值

压力源:生物消失或灭绝
状态指标:目标物种的条件和数量

目标物种条件	目标物种数量/赋值			
	1	2~3	4~5	>5
所有目标物种均处于分类1	1	1	1	2
50%目标物种处于分类1,另50%处于分类2	1	2	3	3
所有目标物种处于分类2	2	2	4	4
20%~50%目标物种处于分类3	2	3	4	5
大于50%的目标物种处于分类3	3	4	5	5

注:表中矩阵分值代表比较压力源的条件指标赋值。

A.12 淡水注入变化

A.12.1 背景信息

在澳大利亚,一些河流上游修建了大量的蓄水库,明显改变了河口区的淡水输入量(实际上几乎都是减少),这对河口区的生产力、鱼类繁殖周期、泥沙淤积、盐度以及污染物分布等均产生明显影响。有关淡水输入减少对河口区生态系统影响可参阅:Environmental water requirements to maintain estuarine processes (Peirson et al., 2002)。

对于淡水输入流速特征变化可通过一系列的措施来评估。需要考虑不同措施对河口的不同影响。在这里,两个最重要的特征需要考虑:平水期淡水输入持续时间的减少;淡水输入频率和输入规模减小。

A.12.2 压力指标和赋值

理想上,压力指标应该包括测定峰水期减少的流量和平水期减少的持续时间。然而,实际上这些资料信息是很难得到的。一个更简单的方法就是计算输水量占流域范围内所有河流年平均流量的比例。尽管这是一个比较粗略的方式,但是仍可以指示出在流域整体水平上的流量减少(表 A34)。

表 A34 年蓄水量作为表征淡水输入改变指标的评分值与指标值

压力源:淡水注入改变

压力/状态指标:年蓄水量所占比例

赋值	指标值(年蓄水量所占比例)
1	流域内没有蓄水库
2	总蓄水体积小于 20% 流域年平均流量
3	总蓄水体积在 20%~50% 流域年平均流量
4	总蓄水体积在 51%~100% 流域年平均流量
5	总蓄水体积大于 100% 流域年平均流量

A.12.3 影响

淡水注入减少对河口区的影响与很多因素有关,并没有一个简单的影响指标可以指示这种变化。

A.12.4 状态指标

淡水注入减少会通过多种方式影响河口的功能,因此不可能有一个简单的条件指标可以指示这种变化。并且,当前我们对淡水注入减少与河口区变化之间因果关系的理解还非常有限,因此即使选用一些条件指标但也很难区别条件类别。

作为一个出发点,状态指标应反映出以下几个方面的影响:
- ➢ 盐度变化
- ➢ 河口区沉积物淤积
- ➢ 河口区生产力
- ➢ 鱼和甲壳动物繁殖
- ➢ 水质恶化。

A.13 河口水动力条件改变

A.13.1 背景信息

这包括影响河口区水动力学特征(如波浪幅度、潮汐节律等)的任何调整,如人为关闭或开通河口水道、修建防波堤、运河、码头、保留墙、训练墙、堤坝、海堤、减浪堤、人工岛、珊瑚礁、河口疏浚、水产养殖开采等,这将会对河口水动力学条件包括水深、海流、波浪、淡水注入、浊度、盐度、侵蚀和沉积、富营养化以及生物量等产生明显影响。

其中,影响河口水动力学条件最常见也是最重要的方式是河口区疏浚。对那些能够长时间保持通畅的河口区,疏浚能够导致潮汐加快、盐度升高、水体交换速率加快等。而在沿海淡水湖中人工开挖或新建一个入海口,就会对盐度产生非常大的影响,进而会影响该区域的水生生物群落结构。

另一方面,修建水坝、运河或码头后会增大水质相对较差的区域,减少水体交换速率从而影响水质和水生生物分布,但这种情况并不是经常发生。

■ 引起河口区水动力学条件改变的主要原因

➤ 河口区入口处改建(人为关闭或开通河口水道、修建防波堤、运河、码头、保留墙、训练墙、堤坝、海堤、减浪堤、人工岛、珊瑚礁、河口疏浚、水产养殖开采等);

➤ 疏浚和开采。

■ 水动力学条件改变导致的现象

➤ 水深改变

➤ 潮差改变

➤ 波浪速度改变

➤ 河口区闭/开方式

➤ 浊度

➤ 盐度

➤ 海岸带侵蚀

➤ 淤泥沉积

➤ 富营养化

➤ 生物量改变

A.13.2 压力指标和赋值

尽管影响河口区水动力学条件改变的因素很多,但如上所述,其中最重要的因素仍是(a)河口入口改变和(b)修建人工设施(运河或堤坝)。对此,推荐与此相关的指标用于评价河口区水动力学特征改变。

■ 改变河口入口(表 A35)

表 A35 河口入口改变作为表征河口区水动力学条件改变指标的赋值与指标值

压力源:水动力学条件改变
压力指标1:河口入口改变

赋值	指标值(河口入口改变)
1	入口处没有改变
2	
3	入口处有一些改变
4	
5	入口处有很大改变

■ 修建运河或堤坝(表 A36)

表 A36 修建运河或堤坝作为表征河口区水动力学条件改变指标的赋值与指标值

压力源:水动力学条件改变
压力指标2:修建运河或堤坝

赋值	指标值(修建运河或堤坝)
1	当前没有运河或堤坝
2	
3	当前有一些运河或堤坝
4	
5	潮运河占据河口区较大面积

这些指标在短时期内不可能发生明显改变,但随着政策改变就可能在较长时间后发生改变。这些数据可由负责海洋运输、河段疏浚、堤岸修建的政府部门获知,当然现场调查也是一个非常有效的方式。另外,航拍对于评估河口区

变化也是有所帮助的。

A.13.3 影响

河口水动力学特征改变引起的影响主要是潮差。相对于小潮河口,因修建大坝或疏浚导致河口水动力学特征改变对强潮河口的影响更大。因此,此处的影响是根据潮差进行区分(表A37)。

表A37 潮差作为表征河口区水动力学条件改变指标的赋值与指标值

压力源:水动力学条件改变
影响指标:潮差

赋值	指标值(潮差/m)(平均值)
1	>6 超大潮
2	5~6 大潮
3	3~4 中潮
4	1~2 小潮
5	<1 超小潮

A.13.4 状态指标

河口水动力学条件改变的直接影响就是改变河口区水体与附近海岸带水体之间的交换速率、区域水体盐度改变以及与这些相关的一些影响。另外,水动力条件改变对河口区生物影响也是局部的特定区域,具体影响可以在区域范围内调查后查清。

■ 水体交换率(表A38)

表A38 水体交换率作为表征河口区水动力学条件改变指标的赋值与指标值

压力源:水动力学条件改变
状态指标1:水体交换率

赋值	指标值(河口区水体与周边海水的交换率(与自然状态时相比))
1	交换率没有变化
2	
3	交换率有一些变化
4	
5	交换率有很大变化

■ 盐度变化(表 A39)

表 A39 盐度作为表征河口区水动力学条件改变指标的赋值与指标值

压力源:水动力学条件改变
状态指标 2:盐度变化率

分值分类	指标值(盐度变化程度(与自然状态相比))
1	盐度没有变化
2	
3	盐度有一些变化
4	
5	盐度有很大变化

A.14 有害物种

A.14.1 背景信息

这里有害物种主要是指对当地生态系统产生危害的外来入侵生物。尽管当地物种也可能会变成有害物种,但这里的有害物种都是指外来物种。这些外来物种可以通过多种途径进入当地生态系统,如通过养殖池或者观赏池外逃至当地环境或在运输过程中附着在运输池内被带入当地生态系统。入侵物种对当地生态系统会产生明显影响,如土著物种减少、生物多样性减少和栖息地发生变化等,如在澳大利亚河口和沿海水域包括菲利普湾港出现的大型蠕虫入侵、塔斯马尼亚的德温特河口有毒甲藻的发生等。

A.14.2 压力指标和赋值

目前,远洋运输是外来物种入侵的最主要途径。因此,建议以这些船舶停靠某位置频次作为指标评价生物入侵压力。分值也是基于半定量的一种评估结果(表 A40)。

附录:IEAF 评价框架中涉及的压力源及相关压力、影响和状态指标

表 A40　外国船只作为表征外来物种入侵的指标的赋值与指标值

压力源:有害物种

状态指标:是否存在外国船只

赋值	指标值(外国船只停靠频率)
1	河口区几乎没有外国船只停靠
2	
3	河口区有一些小型外国船只停靠
4	
5	河口区码头经常有大型和小型外国船只停靠

A.14.3　影响

在此没有可用的影响指标。

A.14.4　状态指标

状态指标包括外来入侵物种的数量和对当地生态系统的影响程度。因此,建议以外来物种是否存在和入侵物种对当地生态系统的影响程度作为状态指标(表 A41)。

表 A41　外来入侵物种存在作为表征外来物种入侵的指标的赋值与指标值

压力源:有害物种

状态指标:外来入侵物种是否存在

赋值	指标值(外来入侵物种是否存在)
1	河口区没有外来入侵物种
2	
3	河口区有一种或几种外来物种,但对当地生态系统的影响很小
4	
5	河口区有一种或几种外来物种,并且其中至少一种对当地生态系统产生明显影响

A.15 海岸线开发

A.15.1 背景信息

在本书中,海岸线开发是指以农业或人工建筑等形式取代天然岸线植被。并且,海岸线是指河口附近的海岸线。在这一区域进行海岸线开发,更多是视觉上对海岸线景观的影响。一般来说,农业开发——尤其是低密度农业开发如放牧——对海岸线视觉上的影响要远远低于城市发展带来的影响。

A.15.2 压力指标和赋值

对于海岸线开发给河口区带来的压力,压力指标和状态指标可以用同一个指标表示。选用的指标是非自然状况河口海岸线占整个河口海岸线的百分比,但是农业和城市开发之间还是有一定区别的(表A42)。

表 A42 海岸线开发作为表征河口系统压力的指标的赋值与指标值

压力源:海岸线开发
压力/状态指标:开发程度

赋值	指标值(海岸线开发程度)
1	海岸线开发小于5%
2	农业海岸线小于50%,城市海岸线小于5%
3	农业海岸线大于50%,或城市海岸线为5%~20%
4	城市海岸线为21%~50%
5	城市海岸线大于50%